企业摆脱经济危机的五大方略

稻盛开讲 06

（日）稻盛和夫——著
周征文——译

人民东方出版传媒
People's Oriental Publishing & Media
東方出版社
The Oriental Press

以心為本的經營

编者按

如今，全球经济形势低迷，甚至被称为“百年一遇”的萧条期。在这场风暴中，许多企业为了渡过难关而拼命努力。如何才能摆脱这场危机？如何才能发现新机遇的萌芽？“经营之圣”稻盛和夫先生将在本书中条理清晰、简明扼要地为各位读者娓娓道来。

稻盛先生作为京瓷公司及KDDI的创始人，他克服重重困难，把这两家企业打造为世界级的大企业。如今，他是盛和塾的塾长，在这个以新兴企业家为对象的培训机构中，他为学员倾注心血，在该教育活动中，他阐述了与众不同的人生哲学及经营理论。

稻盛先生的演讲字字珠玑，惜有幸亲临现场聆听者甚为有限。此次整理演讲原文，悉数结集出版，并将 CD 随书一同发售，望能惠及更多人士。

本系列 CD 书，若果真为诸位的人生助一臂之力，成就辉煌未来，那可谓是荣幸之至。

本书 CD 将稻盛和夫在 2008 年 11 月 4 日举行的盛和塾山梨开塾式以及同年 12 月

17日举行的盛和塾关东地区共同例会上的演讲整理成文，CD中收录演讲原音。会议现场录制，音质可能会有不尽人意之处，望能予以谅解。

本书CD是基于KCCS管理咨询株式会社所发售的《稻盛和夫经营讲话CD系列》特别卷《渡过苦境——本着一颗关怀之心、真诚之心，付出不亚于任何人的努力》的内容来制作的。

由于本书的内容是讲话的录音，为了让读者更便于阅读与理解，部分内容的语句措辞在编辑时做了适当改动。

目录

金融危机的起因

经营者应该以身作则，端正思想

如何渡过石油危机

如何应对经济低迷

确立高收益體質

金融危机的起因

次级贷款是一切的始作俑者

想必各位也对前段时间所发生的金融危机很熟悉，这次危机以美国为起源地，继而波及世界，导致全球经济形势陷入困境。

美国金融界出现的问题在欧洲、亚洲，直至全世界产生连锁反应，导致各地金融机构陷入巨大危机，这点并不奇怪，但让我意想不到的是，居然连实体经济都受到了如此大的影响。

让我们重新来审视一下美国这次金融危机的原因所在。想必各位也知道，在美国，当信用度较低的社会阶层的人想买房时，也可以申请贷款，这便是所谓的次级贷款。这种融资方式的初衷是想让低收入阶层，也就是所谓的“高风险借款人群”也能够买房。

这种次级贷款的利息一开始并不高，但在一两年后，利息就会大幅上浮。这就是次级贷款的“游戏规则”。

当时利用次级贷款来购房的人们自然是

对美国房地产业抱着乐观的态度，当时美国的房地产业形势大好，房价也是年年上涨。

因此，不管是放贷方还是借贷方，都认为次级贷款买房是一桩好买卖。即便在一两年后利息上浮，所购置的房产的涨幅也完全能够偿还这部分利息。

金融机构打着这样的幌子到处放贷，可是随着美国房地产泡沫的破灭，房价开始下跌。

这样一来，利息就像滚雪球一样了。前面也提到，次级贷款的利息并非恒定不变。一开始较低的利息，随着每年的不断上浮而变得极高。

另一方面，借款人购置的房产却在不断贬值，因此对借款人而言，就没希望还清贷款了。于是贷款便成了不良债权，成了金融机构收不回来的坏账。

于是，作为放贷方的银行就没收了借款人的房产，导致了越来越多的“空置房”出现。

既然还不起钱，就没收抵押担保的房产。如果事情就这样收场，那倒也不算太糟，可次级贷款的总数额实在太大。银行把借出去的钱都变成证券，不管是可能根本收不回来的债权，还是存在若干问题的不良债权，都以“证券”这种金融产品的形式卖到了全世界。

高风险的金融产品自然有高收益率。而这种“次贷证券化”的金融产品所鼓吹的收益率也是非常诱人。

世界各地的金融机构持有大量投资资金，他们对于高收益率的金融产品可谓“趋之若鹜”。而这种“次贷证券化”的金融产品收益诱人，因此获得了各金融机构的青睐。于是，世界各地的金融机构争相购买这种证券。

然而，由于通过次级贷款购房的人们相继破产，以次贷债权为基础的次贷证券本身也迎来了灭亡。

于是，在全世界范围内，所有持有该证券的企业及金融机构都摊上了一笔巨大的不良资产。

“轻松发大财”的方法论所导致的弊害

如今的金融界已经今非昔比，据说在技术上已经突飞猛进。他们引进高水平的数学家和统计学家，致力于开发各种金融产品，力图使其走入人们的现代生活。

在像我这样的“老派人士”看来，金融活动是很单纯的行为。无非是缺钱的人向有钱的人借钱，最后连本带利还清，仅此而已。可如今的金融业已经是另一番景象了。

如今的金融机构利用高等数学知识研究出“证券化”的手段，从而制造出了各种所谓的“金融衍生产品（derivative）”。这种金融衍生产品的买卖能够带动比实体经济高出几十倍的资金流动，而且由此产生的收益也非常可观。因此这样的金融衍生产品一经推出便风靡世界。越来越多的机构或个人以这样的手段从事金融活动，使其逐渐成为一种产业。

我们这代人是在实体经济中成长起来

的。尤其是我们日本，制造业是中流砥柱。大家辛苦劳累、调度原料、召集工人、从早到晚忙于生产。

与此相比，靠一张纸和一台电脑就能获得巨额收益的金融业真可谓是摇钱树和万宝槌。以美国和英国为代表的国家，在过去十年间一直在把经济发展的重心逐渐转移到金融业。

于是，伦敦的金融城和美国的华尔街吸引了全世界的金融机构。而其他国家亦是如此，大家都想把自己国家的大都市打造成金融业的“圣地麦加”，从而吸引全世界的金融机构涌入。

一支笔、一个账簿、一台电脑，只要有这三样东西，就能调动世界范围的资金并从中牟利。换言之，“轻松发大财”的倾向已然成为了资本主义发展的潮流尖端，大家都想利用这种“新技术”来搞活经济。

纵观我们的产业界，面对这样的形势，也有不少企业“不甘寂寞”，认为“光搞生产没有意义，应该进军金融业”，于是染指金融业。目前这样的企业仍为数不少。

在我看来，这正是人们“轻松发大财”的肤浅思想在作怪。人们不断膨胀的欲望炮制了一个又一个新的金融产品衍生，并使其在全世界范围扩散。我认为这正是这次金融危机的原因所在。

我认为发生金融危机并不奇怪。追本溯源，我们人类不断膨胀、贪得无厌的欲望正是导致这次金融危机的根本原因。也就是说，人类好逸恶劳的肤浅思想酿成了恶果。

光明止大地
追求利润

经营者应该以身作则，端正思想

若要经营企业，则必须具有关怀之心

我们中的大多数人经营着中小规模的企业。人们一般或许不认为这是什么了不起的事业，但不管是5名员工还是10名员工，既然办企业，那势必会有雇用，而员工们都有自己的家庭。作为企业家，我们担负着守护自己员工的责任，包括守护员工的家人。

纵观日本的产业界，中小企业所占的比例极大。中小企业的员工可能占到了日本产业用工的八到九成。

即便是只有 5 到 10 名员工的小企业，企业家也抱着“不能让员工失业，不能让员工及其家人流落街头”的意志拼命努力经营。包括在场的各位在内，我对这些企业家们有一个期望，我希望大家能够出色地经营企业，而为了做到这点，企业家就必须提升自己的心性。

既然经营企业，就必须追求收益，因此人们往往会认为企业家必须不择手段，贪得无厌，可事实上却与此正好相反，要想把企业经营得顺风顺水，恰恰需要善良之心、关怀之心。换言之，企业家必须具有美丽的心灵。

拥有一颗“利他之心”，关怀体谅他人之心，是至关重要的。如果缺乏这样的心灵，那么经营企业也好，增加收益也好，都无从谈起。

希望各位也能对这点感同身受，并且运用到日常的经营活动中。

我认为，如今整个人类正面临着一次有关“活法”的重大转型，即接受知足之心、利他之心，从而改变先前充满欲望的生活方式。我甚至认为，如果不能完成这次转型，那么人类的现代文明便会跌入灭亡的下坡路。

越是艰苦，就越要通过互助来渡过难关

早在江户时代，当时的近江商人（所谓近江商人，是指江户时代从现在滋贺县地域的近江国里走出来的商户，他们长年行商于大阪和江户之间，逐渐形成一股商业势力，人称“近江商人”。——译者注）一语道破了成功经商的秘诀——“三方好合”。即“卖家受益”“买家受

益”“社会受益”。换言之，商人在做买卖时，不是只顾自己得到好处，而是在自己受益的同时，也让买东西的顾客受益，进而让整个社会都受益。这正是近江商人经商哲学的精髓所在，也是我们需要重新认识和思考的要点。

也就是说，通过贯彻与人为善的行为准则，来取得商业上的成功。这便是我想对大家传递的思想。

我知道，如今大家的处境都非常艰难，想必也有不少人因为“明天无法结清账目”“金融机构不肯发放贷款”等问题而苦恼不已。

不过，不管多么艰苦，都不要一心只想着自己的活路，而是要以团结互助的方式咬牙共渡难关。这是我衷心希望各位企业家去实践的一种活法。

可让人感到痛心的是，每当经济不景气时，即便是一些大企业，也会采取“先拿外聘员工开刀”的做法，比如逼迫外聘员工合同期满后辞职，或是让他们搬离员工宿舍。

当代资本主义中存在一种观点，即在看待人件费（人件费包括员工的工资、加班费、劳保费及津贴等费用。——译者注）时，把人视作物件。一旦企业由于经济低迷而束手无策时，往往就会削减经费，而人员费用的削减往往是“无法幸免”的。

如果企业家把利他之心、体谅关怀和怜悯关爱作为企业经营的中心思想，那么在面对类似的困难时，则完全可以采取其他的对策。譬如社长以身作则，自己降薪三成，继而让公司的董事降薪两成，然后让包括干部在内的正式员工全体降薪一成，那么省出来的钱就能养活外聘员工了。“虽然现在薪资有所下降，但真心希望大家努力坚持一年，直到经济恢复景气”。我认为，需要以这种真诚的提案去和工会交涉。

这样一来，我相信工会的人也会认真听取建议，于是可能就会对当下企业的困境表示理解，让大家团结一心，共渡难关。

以關懷之心
誠實處事

如何渡过石油危机

当订单量跌落至十分之一时，我所下的决断

1973 年，爆发了第一次石油危机，当时我还处于不惑之年。

石油危机从那一年的 10 月 6 日开始，直到第二年，即 1974 年开春，经济大环境才显露出急转直下的颓势。

以京瓷为例，在过年后的 1 月份，月订单的总金额高达二十七亿

五千万日元，可到了6个月后的7月份，月订单总金额就急剧缩减到了二亿七千万日元，只相当于1月份的十分之一。这样一来，相应的产量也缩减到了原先的十分之一，因此九成的员工就只能闲着。当时正值不惑之年的我，第一次遭遇到了经济危机。

由于我之前一直把“以员工为本”作为企业经营的原则，因此在面对这样的危机时，就愈发感到苦恼，在冥思苦想之后，我召集了全体员工，对他们说了以下这番话。

“咱们没有足够的订单来保持产量，如果让大家一起去完成这仅剩十分之一的生产任务，那会降低效率，导致生产能力的大幅退化。因此我决定让十分之一的员工去完成这十分之一的产量，剩下的员工就只能待工。不过光闲着的话就太浪费了，因此待工的员工就去打扫和清理工厂，让陈旧的厂房焕然一新。大家还可以把院子搞得漂漂亮亮的，还可以垒花坛、种花草”。

就这样，在我的指挥下，员工们以轮班制的方式工作，而大多数待工的人则清扫厂房、修缮庭院、打造花坛、整理操场。这样的方式持续了好几个月。

到了那一年的11月，我召集了企业干

部，向他们传达了我的决定——从社长到股长，全体管理层都要降薪。身为社长的我降薪 30%，而其他人中，降薪幅度最低的为 7%。我对他们表明了我的宗旨——无论如何都要努力避免裁员。

如何让员工接受冻结加薪的决定

当时的日本处于战后经济持续发展的繁荣期。在石油危机爆发之前，日本的经济可谓蒸蒸日上。每年的“春斗”（春斗是指日本工人在每年春天，为改善工作条件和提高工资待遇而发动的劳工运动。——译者注），企业都会给员工加薪，工资涨幅甚至一度高达20%~30%。

那一年的12月，眼看下一年4月的“春斗”又迫在眉睫。可员工无活可干，企业无单可接。于是我对京瓷的工会提议冻结加薪，我对工会的人说：“明年4月的加薪事宜，能否暂且不提？”

那时的我以全体员工及工会成员为对象，写了“告全体员工书”，其内容围绕着下一年（即1975年）的加薪事宜。我在文中提出了如下请求：

京瓷的各位同仁，大家辛苦了。

最近公司的订单大幅减少，在这样

的逆境下，各位同仁依旧坚守自己的岗位、努力工作，我对此表示衷心的感谢。

正因为企业处在这样的境况之中，作为社长的我坐立不安，奔走于海外。但在我的心中，一刻都没有忘记过各位。也正因为如此，在海外考察和寻求业务的过程中，我对经济大环境的低迷更加地“感之深、痛之切”，而再把视野转到日本，乃至我们京瓷时，就让我愈发感慨良多。

我喜欢一有机会就和各位分享自己的想法，因此在这次即将召开的劳资双方协商会上，请允许我再次向各位具体阐述我的想法。

我写了这样的文书，并提出了“明年冻结加薪”的请求。当时的工会成员们非常郑重地听取了我的意见，并且答应了冻结加薪的要求。

第二年 4 月，其他的公司纷纷竖起了工会斗争的大旗，劳资双方互相争议，但在这股“工会要求雇用方加薪”的“春斗之风”中，唯独京瓷的工会对企业不加薪的举措表示理解。

全体员工团结一心
守护公司

然而，当时京瓷的工会隶属于全纤同盟（全纤同盟是“全国纤维产业劳动组合同盟”的简称，类似于中国的全国产业工会。——译者注）。而全纤同盟的干部却认为京瓷工会的判断是荒谬的，因此向京瓷工会施加压力。

当时工会组织的主流思想认为：

经营企业的资本家总是会找各种理由来拒绝加薪，因此劳动者们不能屈服。越是这种时期，就越该采取强硬态度来取得加薪斗争的胜利。

因此全纤同盟对于京瓷工会允许雇用方冻结加薪的态度大跌眼镜，于是对京瓷工会施加压力。

对此，京瓷工会发出了这样的宣言：

“我们的宗旨是通过劳资双方团结一致的方式来守护企业。以目前公司的状况，社长冻结加薪的要求并非无理取闹，因此我们工会才会接受这样的决定。如果全纤同盟认为我们的做法是荒谬的，那我们就脱离全纤同盟”。

加入京瓷工会的人多达数千。这么一个大规模的工会要是脱离了其隶属的上级组织，对上级组织而言是莫大的耻辱。而且上级组织是可以对下级工会的会费进行抽成的，因此这对上级组织的收入来源也是一个巨大的损失。另外，如果这种脱离组织的风潮波及了其他下属工会，那么上级组织本身的存在价值也就丧失殆尽了。因此当时的全纤同盟对京瓷工会施加了巨大的压力。但京瓷工会的成员们做到了“威武不能屈”，最后还是脱离了上级组织。他们的决心如此之坚定，这让我非常感激。

而就在冻结加薪那年的7月，经济突然就开始恢复景气了。此时距离石油危机爆发已经过去了一年半左右的时间，经济开始逐渐恢复，公司的业绩也在回升。因此，在那年发夏季高温补贴的时候，我在工会要求额度的基础上又另加了一个月的高温补贴，等于在7月份给员工发放了3个月加1个月，共计4个月的高温补贴。并且在再次加薪时，我宣布要算上上次冻结加薪时欠下的那份儿，等于在时隔一年后，我给全体员工加薪22%。

1975年（现场录音中，稻盛先生的原话是“1976年”，但其实应该是1975年。——编者注）9月，京瓷的股价涨至每股两千九百九十日元的高位。之前，日本股价最高的股票一直是索尼，但那次京瓷超越了索尼，拔得日本股价的头筹。

也就是说，正因为企业与员工团结一心，共渡经济难关，才能有京瓷今天如此的成就。

当时还正值青壮年的我，面对订单在短短几个月内缩减至十分之一的困境，做出了刚才所讲述的一系列决策。而对于在座的各位，我也希望你们能够和自己的员工一起咬紧牙关，克服困难，努力奋斗。

提高核算意识

如何应对
经济低迷

共享思维方式，力求公司内部的融合与团结

接下来，我想和大家谈谈有关应对经济低迷期的对策。

一旦经济低迷，企业势必陷入窘境。在这种时候，首先必须考虑的问题是“如何让企业与员工之间形成融合、团结的关系”。

“哲学”这个词一直是我挂在嘴边的。我说的所谓“哲学”，就是一

种思维方式。而作为企业家，应该把自己的思维方式告诉员工，让员工理解，从而做到思维方式的共享。

也就是说，作为一家公司的社长，必须使自己的员工拥有和自己同样的思维方式、同样的思想境界、同样的哲学信仰。这种思想的传达必须是全方位的，即便是最基层的员工，譬如打零工的学生、当临时工的已婚妇女在内，都要传达到位，从而使企业人员能做到上下一心。

传达哲学思想绝非是单单“走过场”的领导讲话，必须让全体员工一起理解、一起共享。

如果能够达到上述的“理解、共享”的状态，那么企业就等于形成了“社长为员工着想，员工为社长着想”的氛围。

一旦经济大环境低迷，社长作为企业的经营者，势必会感到非常不安。这种心境，就好比在伸手不见五指的黑夜中，一个人独自提着灯笼行走在坑坑洼洼的羊肠小道，脚步不稳，如履薄冰。光是想象一下，就让人心生不安。

如果经常看古装剧，就会常常看到这样的一幕：做批发生意的老板在走夜路时，他的学徒会提着灯笼走在前面。明明是做批发生意的有钱人、大老板，可在走夜路时却要一个还不谙世事的学徒提着灯笼为他“打头阵”。但只有这样才会让老板感到心里踏实。

走夜路尚且如此，更不用说在遭遇经济低迷时的心境了。作为社长，没法去依赖任何人。这真的就好比自己提着灯笼行走在险峻的黑暗之路中。

在这种情况下，心生不安，希望有人陪着自己前行，哪怕就一个伴儿也好。有这种想法也是人之常情。

公司在平时是否就具有“社长常常为员

工着想，员工常常为社长着想”的企业人际关系，这一点至关重要。一旦经济出现低迷，这种人际关系的有无，将对企业产生重大影响。

企业一旦处于经济不景气的大环境，那就可能会陷入“发不出奖金或者少发奖金”的窘境。员工的收入大幅缩水，企业不得不让员工暂时“勒紧裤带”。这种状况是会发生的。

而更为极端的情况是，企业再也无法养活这么多员工，所以只能辞退部分员工。也就是不得不裁员，面对经济低迷的冲击，或许有的企业会无可奈何地走上这条路。

之前员工和社长之间一团和气的关系，一旦面临不得不扣奖金、裁员的事态，员工所遭受的这些压力必然会使之前良好的劳资关系变得紧张。员工变得不安，在思想上也与社长渐行渐远。

而在企业家看来，越是这种困难时期，员工就更应该上下团结一心。当企业不得不减少员工的奖金时，如果有员工能站出来说："社长，我们接受您的决定。我们会继续追随您，和您一起打拼。"那该多好。任何一个企业家都希望有这种"能在黑暗中打着灯笼走在社长前面”的员工。但现实往往相反，之前企业和谐、经济繁荣时一直追随着社长的员工，在企业陷入困境时，“大难临头各自飞”是常态。

正是为了避免这种情况的发生，我才会一直苦口婆心地建议大家在平时就要与自己的员工共享思维方式和哲学信仰，要通过在公司内举办读书会和联欢会，努力让员工和自己“同心同德”。

如果这点大家目前还无法做到位，也大可不必因为觉得“为时已晚”而气馁。大家可以把今后企业将会面临的严酷经济环境以

“打预防针”的形式不断告知员工。

“在不久的将来，迫于形势，公司的确可能会减少各位的奖金。但我会拼着这条性命来守护公司。并且，我会珍惜每一位留下来的员工。希望各位信任我、追随我。或许暂时无法给予各位良好的条件和待遇，但通过上下共同的努力，等到我们公司渡过难关、展翅腾飞的那一天，我一定会给大家足够的、满意的奖金薪酬。希望大家能够相信我、追随我。”

作为企业家，必须像这样真切地向员工倾诉自己的想法，从而获得员工的理解和支持。时不我待，我希望大家立即开始实践这种方式。

企业家必须把自己的想法“孜孜不倦”“春风化雨”般娓娓道来，这样才能让公司员工对社长产生信任。

换言之，社长要毫无保留地把目前企业所面临的困境如实告知员工。

“目前的现实情况就是这样，但我打算咬紧牙关努力渡过难关。所以我希望大家也能跟随我打拼。”

作为企业家，必须以这种坦诚相见的方式与员工进行交流沟通。

如果大家还没有与自己的员工建立起这样的关系，那么请从现在做起，逐渐养成与员工交流的习惯。在交流形式方面，比起召集一大帮员工的“领导训话”方式，我认为更应该采用“一对一交流”的平等对话方式。

“今后的经济环境恐怕会变得非常糟糕，但我会拼命努力。我会努力不让任何一名员工下岗，尽量避免奖金的减少。可能我会对大家要求严苛，但希望大家能够追随我。”

我认为，作为一名企业家，就应该像这样与员工开诚布公、毫无保留地进行交流，从而获得员工的支持和协助。

通过彻底削减经费来打造企业的“高收益体质”

第二大方略是削减各种经费。削减经费非常重要。

我知道超过一半的中小微型企业是不会每个月都制作利润报表的，但我认为即便是中小微型企业，也必须尽量每个月都制作利润报表。

利润报表是企业经营的指南针。企业家必须一边参照利润报表，一边谋划公司的经营。可不少中小微型企业的经营者既没有制作利润报表的要求，也没有采取“以利润报表为参照物”的经营方式。

一旦经济大环境陷入低迷，就势必要削减经费。而首当其冲的便是削减制造成本。具体到制造业中，就是削减包括材料费在内的各项费用。

接下来要削减的是销售费用和管理费用。这两项费用涉及诸多账目，如果审视这些账目，就会发现诸如“明明只创造了这么点儿销售额，却使用了这么多经费”之类的问题。于是就会思考“这个项目要花费这么多吗”“如何才能实现减少一成费用的目标呢”之类的问题，然后对照账目明细逐项削减，这就是削减经费的工作。

为了削减经费，企业往往会做出各项规定，比如“工厂办公室要节约用电，离开办公室时要关灯断电”，这些做法都太稀松平常了。

作为企业家，应该逐一审视销售费用及管理费用的各项账目，思考如何才能削减经费。如果没有这些相关资料，就应该先要求会计师制作出来。

必须制作出最近几个月的月度利润报

表，然后一边查看账目，一边想方设法地削减经费。

我们这些企业经营者往往没有学过会计知识和账簿记录。本来按理说，不管规模多么微小的企业，如果企业经营者不懂会计知识和账簿记录，是无法从事真正意义上的经营活动的。因此大家必须从现在学起，至少要能够看懂利润报表，理解其内容。

只要让会计师制作出利润报表，费用项目就能一目了然。

曾经有位企业家向我咨询利润报表的事宜，当时我一边察看他们公司利润报表上的账目明细，一边对他提出了这样的建议：

“要控制这两项经费支出。如果做到的话，就能实现大约10%的利润率。由于你平时对账目明细的审查过于马虎，导致了你的企业明明生意兴旺，却仍出现了赤字。”

不少企业都是这样，虽然表面上看起来生意兴旺，但企业经营者却对会计相关事务漠不关心。就算难以做到每个月都看，但我还是建议大家至少要让会计师每三个月制作一次利润报表，从而审视企业是盈利还是赤字。当出现赤字时，就要考虑该削减哪些经费才能让企业扭亏为盈。

尤其当经济陷入低迷时，随着销售额的减少，削减经费就会变成迫在眉睫的紧急课题。因此我希望大家务必要实践我上面所讲的内容和方法。

如果能努力且彻底地削减经费，那么即便企业由于经济低迷的影响而减少了两成的销售额，也还能够维持企业的正常运作。材料费用大幅减少，销售费用及管理费用也大幅减少。因此即便销售额比原先减少了两成，也能实现盈亏基本持平。而如果能保持这样的成本控制，等到销售额回暖时，企业的收益就会立即增加。

在经济低迷时节俭经费，努力不让企业出现赤字，等到经济形势回暖时，你的公司就成了高收益企业。反之，如果无法做到在不景气的时候削减经费，那么即便等到经济恢复景气、销售额增加的时候，企业的各项经费开支也会随之增加，你的公司等于在原地踏步。

如果能从现在做起，努力削减经费，那么等到将来销售额提升、订单增加的“春天”到来时，你的公司势必会实现意想不到的飞跃，成为一家盈利能力极高的企业。

这就是我反复强调要制作利润报表、认

真审视账目费用明细的原因所在。这么做不仅是为了咬牙渡过眼前的难关，也是为了在将来更好地迎接经济复苏的“春天”。

经营者要主动自觉地强化企业的经营能力

第三大方略是企业家要用心致力于经营。

如果老客户的订单以一成两成的幅度开始减少，那么即便去登门拜访这些客户，也很难争取到新的订单。在这种情况下，就需要增加新客户了。正所谓“东方不亮西方亮”，既然老客户的订单减少了，那就通过增加新客户来弥补。

不过，我指的并不是指挥公司的业务员东奔西走地跑业务，而是必须由社长“亲自出马”，不辞辛劳地去一家家登门拜访，从而拓展新客户。

而拓展新客户的要诀在于：不要只是一味地说“请给我们订单”。当然，这是拓展新客户的目的所在，也不能只字不提，但应该做到换位思考——如果客户把订单给了我们公司，那我们公司能为客户做出什么贡献呢？

因此，必须提出对客户而言具有建设性

的提案——如果采购我们公司的产品，对客户而言有这样那样的益处。换而言之，必须要让客户觉得有利可图，要让客户感到开心愉快。如果不能做到，就无法拓展客户，也无法争取到订单。

以自己处境艰难为由，在跑业务时一味恳求客户给予订单，这样的做法并不会轻易奏效。

不要仅仅依靠低价去拉拢客户，而要提供真正能够引起客户兴趣的信息，比如“如果和我的公司合作，就会有这样的益处”“如果和我的公司合作，我们能为客户做到这些”等等。

具体来说，可以在很多方面下工夫，例如“不仅仅是价格优势，还能为客户提供这样那样的额外服务”等等。

在京瓷还只是一家中小企业时，我经常说:“办企业和当佣人是类似的。”

甘愿承受客户的“颐指气使”，客户要求大半夜送货，就大半夜给客户送去。我认为，这种“像佣人伺候主人”一样的姿态，恰恰能够紧紧抓住客户的心。我自己对客户一直保持着这样的态度，也一直要求自己的员工这么做。

如果自己能细致入微地满足客户的期望，那么客户也势必会认同自己。于是客户说:“如果要把这个订单交给其他公司，那还不如交给京瓷做。”

所以各位请务必用心致力于经营。要在推销和扩展业务方面下工夫、想点子，使得企业根基巩固、长足发展。

致力于研发
新产品、新商品

至于第四大方略，便是努力研发新产品和新商品。正是在经济低迷的时候，这一点才显得更为重要。

因为原有的订单量大幅减少，因此如果还依靠既有产品的话，是无法打开销路的。另一方面，即便是在经济不景气的大环境下，也仍然肯定有未被发掘的市场需求存在。

换言之，市场的需求是绝对不会完全饱和的。至于这潜在的需求是什么，就需要企业的高层通过“亲自公关”“亲自推销”的方式去探求。

然后，在发现了市场的新需求点后，就要着手推进相应的研发与制造。这是企业研发新产品的基础和准绳。

即使你的企业并不从事制造业，这个道理也同样适用。你可以根据市场需求来选择采购的商品。也就是“什么销路好进什么，什么销路好卖什么”。

经济低迷的大环境正好是企业研发新产

品和新商品的时机，我们京瓷亦是如此。面对经济的不景气，京瓷以“死地求生”的精神和劲头，努力进行着新商品的研发工作。因此可以说，经济大环境的低迷期恰是企业研发新产品和新商品的最好时机。

绞尽脑汁
努力发挥创意

最后说第五大方略，企业家要在各方面努力发挥创意，为企业培育坚实发展的“苗子”，等到经济恢复时，便能使其“开花结果”，这点非常重要。

既然要经营企业，开展业务，那么创意自然是必不可少的。

“应该向客户提供怎样的服

务”“怎样让客户受益”“怎样让客户得实惠”“怎样取悦客户”……对这些问题的思考便是创意的发挥，企业家必须亲身实践。

大家所开创的事业各不相同，因此无法单凭学习别人来取得成功，而必须自己独立思考。越是身处困境，就越要面对现实，拼命思考。在经营企业、开展业务时，一定要“以客户为本”，时刻思考“怎样的提案才能获得客户的订单”。我希望大家务必做到这一点。

另一个能够提升企业业绩的方法是拓展产品线。这一点我认为也很重要。

我给大家讲一个我已经在不同场合讲过多次的故事。

陶瓷这种物质具有坚硬耐磨的物理性能。制造和服与西服的纺织机，其绕线的纱锭部分原来使用的都是金属材质的零件。别看纱线又柔又细，由于在纱锭上高速摩擦，像金属棒之类的零件会立即升温发热，从而导致磨损。而如果用硬度极高且非常耐磨的陶瓷零件来代替的话，就能解决磨损过快的问题。因此在如今的纺织机械设备上，有不少零部件都是陶瓷材质的。

可一旦经济大环境陷入低迷，整个纺织

产业也会随之坠入低谷。之前用于纺织机械设备的陶瓷就会出现供大于求的情况，因此必须把多出来的陶瓷想方设法卖掉。

在我们京瓷公司，有一位市场眼光敏锐的业务员，他曾经登门拜访过静冈县的一家渔具店。

大家知道，有一种钓鱼方式叫投钓，要用到装有绕线轮的鱼竿。鱼竿上有导环，钓鱼线穿过导环前后高速移动。以前这种导环都是金属材质的，所以我们的那位业务员就向店老板提议，看能不能把金属材质的导环换成陶瓷材质的。

他对老板说："陶瓷耐磨，摩擦阻力也小。比金属更适合做导环。"

老板问道："那要花多少钱呢？如果是金属件的话，一个不会超过两日元，可如果换成陶瓷的，一个就要几十日元乃至几百日元，而且一根鱼竿上的导环可是有好几个的。完全没有优势嘛。"

于是我们的业务员说："并非如此。如果把金属件换成陶瓷件，那么渔具就会很上档次。"

那家渔具店的老板在听了这番话后，觉得我们的业务员是个挺有意思的人，于是答应尝试一下。老板用一根装上了陶瓷导环的鱼竿进行了近投钓和远投钓的试验。结果发现，由于陶瓷的摩擦阻力非常小，因此在抛竿时，与金属导环的鱼竿相比，鱼钩的飞行距离要远得多。

而且，当大鱼咬钩时，需要用绕线轮一鼓作气地收钩。此时如果是金属材质的导环，就会由于摩擦而生热。因此，大鱼咬钩时，如果钓鱼者拼命拽鱼竿，尼龙材质的钓鱼线就容易由于高温而断掉。这就是人们常说的“鱼带钩跑了”。而如果采用陶瓷材质的导环，就算承受超出正常范围数倍的负荷，钓鱼线也不会断。

这个绝妙的试验结果打动了那位老板，于是他开始在鱼竿上安装陶瓷材质的导环，以“价高但质优”的商品定位在市场上销售这种鱼竿，结果这种鱼竿的市场份额日渐扩大。如今，装有陶瓷导环的渔具已经在世界范围内普及。

这个故事就是“努力发挥创意”的一个活生生的例子。当时经济大环境低迷，之前用于纺织机械设备的陶瓷部件的需求量减少，我们京瓷的相关订单量也随之减少。而故事中提到的那位年轻的业务员为了开拓新市场拼命努力，一次又一次地登门拜访渔具店，最终成功开拓了一个全新的市场。

不管是增加销售额，还是拓展业务范围，都少不了“努力发挥创意”的精神。

“怎样才能争取到客户的订单？”“应该经营何种业务”……即便我们不可能个个是妙计百出的诸葛孔明，也还是要勤于思考。这一点非常重要。

拼命努力时
神灵都会出手相助

每个人都要“付出不亚于任何人的努力”

我希望各位都要“付出不亚于任何人的努力”。我之前一直在强调这点，在如今经济形势日渐低迷的大环境下，作为公司的社长，就更必须做到这点，以发挥表率作用。只有这样，员工才会纷纷学习仿效，从而营造出“公司上下，人人努力，唯恐落后”的企业文化。

要做到“付出不亚于任何人的努力”，绝对不是一件容易的事。这其实是一种“奋力拼搏”的生活态度。

纵观自然界，动物也好，植物也好，都在这么奋力拼搏地生存着。反之，以“懒散随意”的方式活着的，就只有人类而已。人类得益于高超的智慧及灿烂的文明成果，因此即便懒散一点，也还能存活。

我最近听说有一群“啃老族”，他们到了三四十岁还依靠父母的照顾而生活，有的年轻人甚至不去工作。这种情况，真的只有在人类中才会有。

让我们看看自然界的植物。在一年中最炎热的盛夏时节，在石墙和滚烫的柏油路的缝隙中冒出芽头的杂草。在阳光的不断照射下，石墙和柏油路都会变得如火烤一般，杂草恐怕活不了多久，就会因为高温炙烤而枯萎。即便如此，杂草还是拼命求生，每当一场小雨过后，它们都会顽强生长，在短暂的夏季开花结果，结束如惊鸿般短暂的一生。

以前，我看过一部讲述沙漠植物的纪录片。沙漠在一年之中只下一两次雨。在这珍贵的降雨过后，沙漠中的各种植物都会一起发芽。

降雨后，沙漠的湿润仅仅能保持一个月左右，但就是在这短暂的时间内，所有的植物抽叶、开花、结果，留下种子后枯萎。而种子则潜伏在沙漠中忍耐着地狱般的环境，默默等着来年不知何时会降临的甘露。而一旦短暂的雨水来临，种子们又会一起发芽，拼命生长，然后在留下“子孙”后死去。

像这样，在自然界，植物也好，动物也好，如果不这样奋力拼搏，就根本无法存活。唯独我们人类，活得懒散而随意。

拼命努力
必有回报

前面也讲过，“付出不亚于任何人的努力”是我一直在重复强调的一句话。而在如今经济低迷的大环境下，各位就更加需要把该理念付诸行动。大家一定要咬紧牙关，渡过难关。

如果企业家能够拼命努力，奋力拼搏，那么公司往往就能够支撑下去。而更重要的是，这种“付出不亚于任何人的努力”的态度，会引起神灵与自然的关注。

这种拼死努力的精神，必然会牵动神灵的恻隐之心，从而使神灵出手相助。正所谓“天道酬勤”，神佛对于努力生活的人，绝对不会漠然视之，定会予以保佑。

比如，意想不到的客户订单会突然“从天而降”；员工突然跑过来对社长说：“社长，我一定好好地努力，永远追随你。”……这种出乎意料的好事情，会一件接一件地发生。

企业家只要以认真的态度拼命努力，就能获得神佛的保佑。因此我认为这是企业家应该具备的精神。

创造全人类和谐共处的社会

当以俯瞰的角度审视人类的文明史时，我发现，人类的傲慢和贪婪，正是如今金融危机和经济低迷的始作俑者。

但是普遍的思潮却认为，如果人类做出反省，学会知足，反而会阻碍经济发展，使人类生活无法获得进一步的富足。满足现状的原地踏步，将会使世界经济陷入停滞。因此，等到目前这股经济低潮过去后，恐怕全世界的各个国家、地区和机构还是会再次掀起追求经济发展的热潮。

人类的现代文明，恐怕就会在这种“盛衰交替”的经济周期运动中走向灭亡。

我们这些个体不管怎么努力，也无法改变人类前进的方向，但作为企业家，至少能够通过守护自己的企业，从而守护企业所在地区的社会经济。相反，如果各位所经营的企业相继倒闭，那么企业所在的村、镇、城市，乃至该地区都会陷入混乱。因此我希望大家竭尽全力、拼命努力。

企业家要担负社会责任，为打造可持续发展的社会尽一份绵薄之力。为了做到这点，首先要把自己的企业打造成可持续发展型的企业。这便是我对各位的期望。

活法的真髓

6

稻盛和夫箴言集

51

之前的箴言集收录于“稻盛开讲”系列的以下分册中。

活法的精髓1（1~10）刊载于《稻盛开讲1：人为什么活着》

活法的精髓2（11~20）刊载于《稻盛开讲2：经营力》

活法的精髓3（21~30）刊载于《稻盛开讲3：作为人，何谓正确？》

活法的精髓4（31~40）刊载于《稻盛开讲4：付出不亚于任何人的努力》

活法的精髓5（41~50）刊载于《稻盛开讲5：六项精进》

成功也好，失败也好，都是宇宙的造物主给予的考验，造物主正在注视着你，看你如何应对这些考验。不管成败，都能凭借造物主提供的考验机会塑造自己美好心灵的人，这才是真正的胜者。相反，经不住这种考验的人就是败者。

《心法：稻盛和夫的哲学》

52

如果想由营销获得利润，就必须由采购计划开始下工夫。因此自古以来，大阪商业中心的主要商家，都是由店主自己负责进货。换句话说，卖货交给店长，进货由老板自己来。如果进价过高，再怎么会卖也赚不了多少利润，采购价格当然是越来越低才行。

《稻盛和夫的实学：经营三十四问》

53

企业的经营者必须在内心深处拥有“无论如何也要让自己的企业实现高收益”的意愿。如果企业老板自身不能拥有让企业实现高收益的强烈愿望，并依靠坚强的意志在实际企业经营活动中予以执行的话，那么无论企业具备什么样的知识和技术，依旧难以实现利润的增长。我所说的这种意愿并非是指一般的愿望，而是一种势在必得的“发自内心的强烈意愿”。

《稻盛和夫的实学：创造高收益》

54

人是脆弱的动物，一旦遭遇困难，不是从正面去挑战，而是马上寻找借口，意图逃避。这样做决不可能成功。不管处于何种严峻的状况之中，我们都要从正面接受，竭尽诚意，持续付出不亚于任何人的努力。这种态度是成功所必须的。

《活法伍：成功与失败的法则》

55

提升人性，即磨炼灵魂，这是最重要的。磨炼灵魂，塑造高尚的人格，这才是人生真正的目的。忽略这个目标，人活着就没有意义。虽说每个人走过各自的道路，到达人生的终点，但不管哪种道路，都是“造物主为了磨炼人性而赐予的道路”。

《心法：稻盛和夫的哲学》

56

如果把企业比作城堡的话，员工就是这座城堡最下面的石墙。在修筑石墙时，既需要巨石，也同样需要碎石。当用巨石垒出石墙后，还必须用大量的碎石来填充巨石之间的缝隙，这些碎石的作用就是要让整个石墙保持牢固。

《稻盛和夫的实学：创造高收益》

57

每个领导者都必须有牺牲小我的勇气。若要团队去完成任何有价值的事，必须拥有很大的力量。要得到这种力量，代价很高，领导者就是第一个必须为此付出的人。只有在必要时愿意做出自我牺牲，才能获得部下的信赖。

《活法贰：追求成功的热情》

58

身为企业的高层领导，综合考量战略战术也很必要。所以，必须有时在前线与士兵生死与共，有时返回后方阵地，斟酌作战方案。如此往来于前线与后方，实行指挥，这才是杰出的领导者。

《活法叁：人生的王道》

59

对于任何一家企业，追求利润、谋求自身发展都是天经地义、理所当然的事。但是我们在追逐利润的同时，又必须遵守人类社会普遍的道德法理，绝对不能利用欺骗、误导、榨取等邪恶的方式来谋求自身利益。

《活法肆：人生与经营的法则》

60

萧条就是考验“劳资关系的试金石”，必须把它视作是调整和再建企业良好人际关系的绝好机会。趁着萧条的机会，尽可能节减一切方面的经费。这样，当转为景气时，就能变成一个高收益体质的企业。

《心法贰：燃烧的斗魂》

图书在版编目（CIP）数据

稻盛开讲 . 6, 企业摆脱经济危机的五大方略 /（日）稻盛和夫著 ; 周征文译 . — 北京 : 东方出版社 , 2015.1
ISBN 978-7-5060-7945-7

I . ①稻… II . ①稻…②周… III . ①稻盛和夫—企业管理—经验 IV . ① F279.313.3

中国版本图书馆 CIP 数据核字 (2015) 第 014025 号

稻盛开讲 6：企业摆脱经济危机的五大方略
（DAOSHENG KAIJIANG 6：QIYE BAITUO JINGJI WEIJI DE WUDA FANGLÜE）

作　　者：［日］稻盛和夫
译　　者：周征文
责任编辑：贺方
出　　版：东方出版社
发　　行：人民东方出版传媒有限公司
地　　址：北京市东城区朝阳门内大街 166 号
邮政编码：100706
印　　刷：北京次渠印刷包装有限公司
版　　次：2015 年 7 月第 1 版
印　　次：2015 年 11 月第 2 次印刷
印　　数：10 001–13 000
开　　本：787 毫米 ×1092 毫米 1/32
印　　张：4.125
字　　数：30 千字
书　　号：978-7-5060-7945-7
定　　价：36.00 元
发行电话：（010）64258117　64258115　64258112

提高心性

拓展經營

盛

编者按

京瓷及KDDI的创始人稻盛和夫先生，作为聚拢年轻企业家的盛和塾的塾长，为培养并提携经济界的新生力量倾注了毕生心血，通过盛和塾的历届活动，亲口传授其独树一帜的人生哲学与经营理念。

与此同时，作为经济、政治以及文化等众多领域的舆论领袖，稻盛先生的言谈常常备受瞩目。

稻盛先生的演讲字字珠玑，惜有幸亲临现场聆听者甚为有限。此次整理演讲原文，悉数结集出版，并将CD随书一同发售，望能惠及更多人士。

本系列丛书，若果真能为诸位的人生助一臂之力，成就辉煌未来，那真可谓是荣幸之至。

本书将2001年7月17日稻盛先生在盛和塾中部地区联合例会上的演讲整理成文，CD中收录其演讲原音。会议现场录制，音质可能会有不尽人意之处，望能予以谅解。

本CD与KCCS管理咨询株式会社所

发售《稻盛和夫经营演讲录CD系列》第54卷《人生的真谛·活法的真理》内容相同。本书根据演讲录音整理，为阅读之便，稍作改动与编辑。

目录

人生的推动力——命运

人生的横轴——因果报应法则

因果报应法则改写命运

如何度过波澜起伏的一生

人生的目标——提升心性

一生遵循佛祖的教诲

人生的推动力——命运

人各有命

当下，经济形势萧条。话虽如此，如果逐一询问："贵公司状况如何？"有人会回答："本社还凑合。"也有人坦言："确实不行。"而冰激凌或清凉饮料的生产厂商却说："今年酷暑，业绩比以往好得多！"真可谓千差万别！虽说大环境每况愈下，各家企业的实际情况却不尽相同。

由此不禁联想到我们的人生。每当追问“人这一辈子究竟何去何从”，我们首先要意识到，每一个个体都有其与生俱来的“命运”。具体说来，命运，即一生怎样度过，每个人是先天注定的。

而且，命运不仅主宰着个体的人生，世间万事万物皆有命数——地球的命运、日本国的命运。大到日本国，小到名古屋这样的城市，都有各自的命运。于是，个体的命运必定裹挟在命运的洪流之中，起落沉浮。

综观日本，政坛无所作为，经济后劲不足，但不能由此认定各行各业都了无希望。

即便江河日下，万般不景气，也不乏某些领域正方兴未艾。

地球那般广袤的命运激流之中，日本一国的命运、各地区的命运乃至每一个个体的命运都随波起伏。

那么，多重命运几经叠加，最终反映在每个个体上，会呈现出截然不同的局面。所以在同样不景气的环境下，个人的命运却好坏不一。

原以为彼此境况相差无几，实则不然，因为各自经历迥异。

命运的洪流之中，个人的命运如一叶扁

舟，风雨飘摇，自然有涨有落。

几重洪流，此消彼涨，此起彼伏——这就是所谓命运。

否定命运
全然无益

接受近现代教育的人通常不相信命运之说，认为万事无不出于偶然。例如，感染疾病、遭遇交通事故、公司破产、经营顺利等，这一切皆缘于偶然，一次又一次的偶然，构成了人生。

命由天定，似乎是无稽之谈，常有人一笑置之，视其为招摇撞骗的伎俩，不可信以为真，把现代科学尚无法证明的东西一概说成迷信。

然而，命运却是人类有史以来不容回避的一个重要问题。

正如我刚才向诸位强调的，生老病死、悲欢离合，一生中的种种境遇从何而来，的确让人百思不得其解。

自古以来，一旦承认命运，人们便会平添苦恼——我的未来将会如何？从而孜孜不倦地探索答案。

为此，中国诞生了《易经》，这是一门正经的学问。摇晃卦筒中的卜签来算卦，在中国延续了数千年，称为“易学”。欧洲也有星相学或叫占星术，也是一门相当高深的学问。

有史以来，人类在浩如烟海的典籍之中找寻预知未来之术，设法推测命运。人生之路上，我们为何会感染疾病，遭遇不顺，为何要与和员工一起辛苦打拼？人类自古就为解答这些疑问伤透了脑筋。

人们总想，自己境遇如此，也许就是命运作祟，所以每个人自然而然地都希望能够推测命运，预知未来，所以易学占卜和欧洲的占星术才会如此兴盛。一代又一代，全力以赴地钻研这些“学问”。

命运之说虽然并不合乎科学，也不能为现代学术与科学所证明，但我却认为，命运的存在是不容争辩的事实，应当予以认同，否定其存在全然无益。在我看来，相信命运反而会帮助我们更好地理解人生，从而明晰生存之道。

我是理工科大学出身，尤其喜好数理化，不合逻辑之事一概不认。我的所有工作都通过化学分析展开，进行技术研发。说起来，我也是一个“道理与科学至上”的人。

活到现在，每当谈及人生，我总会认

为，否定命运，徒劳无益。岂止无益，甚至可能有害！依我之见，很有必要承认命运的存在。

希望诸位在思考人生的时候，首先认同并理解人各有命，宏大的命运之中存在着个体的命运这一观点。

敬天愛人

人生的横轴——因果报应法则

心生念，念生因，因生果

命运贯穿人生的纵轴，人的一生沿着命运这条纵轴顺流而下。

同时，人生还有一条横轴——宛如经纱和纬纱交织穿梭——这条横轴即为因果报应法则。

所谓因果报应法则，即好因、好事会产生好的结果，坏因、坏事会导致坏的结果——善因生善果，恶因得恶果。因果报应法则是人生的横轴。

“因”是指人生在世，自己的所思、所想、所为，我称之为“念”。由念生业（佛教教义称一切行为、言语、思想为业，分别叫作身业、口业、意业，合称三业，包括善恶两面。——译者注）。

我们常以为“想想无碍”，然而，这岂是无关痛痒的小事？实质上，一思一念都会造成“因”，更何况怨恨、委屈如此种种，闪念之间，“因”已形成。

因必生果。释迦牟尼佛祖曰“因缘果报”，因不会一成不变，有因必有果。

念生业。业即为因缘。有因缘，必会生结果。

一言以蔽之，存善念，行善事，得善果；动恶念，行恶事，得恶报——这就是因果报应法则。

长远视之，因果必相合

因果报应法则中，与因相应的果并不一定立即出现。因此，我们往往很难认同这一法则。

某人做了无数好事，为何还在受苦？又有某人，人品一流，常年行善，却为何不幸倍受病痛折磨？

而另一些人呢，一肚子坏水，作恶多端，外人看来他却事事称心如意，家庭和睦。这类情形也屡见不鲜。

因此，虽然僧人总在讲因果报应法则，我等俗人却常不以为然。

究其原因，符合因果报应法则的结果并不总是即时显现，需要一定的时间。为何如此不得而知，总之会有滞后。

依我的经验，因果报应的“果”的确有可能立现，但大多很难如此。然而，倘若将时间跨度延长，纵观20年、30年的人生，则必无例外。

因此，或许三年五载都不见结果，但纵观自己的一生，从20年、30年这样的时间跨度上去看，存善念，行善事，必得善果；动恶念，行恶事，必有恶报。这也是有目共睹的。

确实如此！拓展至30年的时间跨度，恶人不会一直兴旺，而好人却也不会总是坎坷——好人终将幸福。纵观30年，一切顺理成章。

然而，即便如此，仍然不乏例外。我原本不解其故，深为苦恼。而在那时，我得知了下面这件事。

据说20世纪初英国伦敦的一位执业医生，周末常会邀请十几位朋友来自己家开由他主持的“通灵会”。

通灵会上，一个自称西尔弗·帕奇的印第安鬼魂常会显灵。后来有家出版社将这位鬼魂的所述言论汇集成册，出版了《西尔弗·帕奇的灵言集》一书。书中有一节提到了因果报应法则。

“因果报应，所谓善有善报，恶有恶报，常常说不通。因此，有人将信将疑，甚至嗤之以鼻，而由我（指西尔弗·帕奇）所处之地来洞察人世，却是分毫不差。恶必有恶报。而存善念，行善事，终得善果。该法则必能应验，毫厘不爽”。

《西尔弗·帕奇的灵言集》中，虽然只有这么一小节，但读到的那一瞬间，我便拍案叫绝。

此前我参悟不透，倘若宇宙有造物主、天地间有神灵引领世人，那么，为何不让一切都完全顺应法则呢？

人世间，历经30年，才能最终实现因果报应，甚至仍有例外。老天会不会也有偏袒呢？

然而，读罢《西尔弗·帕奇的灵言集》，我才茅塞顿开："由我（指西尔弗·帕奇）所处之地来洞察人世，却是分毫不差。恶必有恶报。而存善念，行善事，终得善果。该法则必能应验，毫厘不爽。”

因果必報不必躁

因果报应法则
改写命运

积德行善，为何不见当即好转

虽说善有善报，然而人各有命。

地球的命运洪流卷裹着国家的命运、地区的命运，而个体的命运也夹在其中，随波漂流。若将一个人的命运作为其一生的纵轴，那么因果报应法则则是横轴。

这两大法则，主宰着我们每个人的全部人生，其中，因果报应法则的力量略强于命运。

因此，虽说命由天定，却不会一成不变。因果报应法则的力量足以改变命运，一个人并不会原封不动地依照既定的轨迹过一辈子。

向善、行善，必得善果。因此，有人虽厄运连连，却正因为向善、行善，幸免于一败涂地。反之，原本命运颇佳，蒸蒸日上，却动恶念，作恶事，则无异于作茧自缚。

命运法则与因果报应法则两相呼应，从而改写一个人的生命轨迹。

所以，行善未必立即得善报，道理不似

1+1=2 这般简单，缘由在此。

具体说来，尽管命运不济，但却因行善才不至于让自己一落千丈，或者说让自己有惊无险。如此一来，尽管因果报应法则的结果已经显现，却会让人产生“明明做了好事，却并不见起色”的误解。

一己之力
改变命运

中国古籍《阴骘录》记载着袁了凡这样一个人物的故事，该书印证了因果报应法则的力量足可以改变命运。

袁了凡幼时遇见一位仙风道骨的白发老者。老者见到少年了凡，对他的母亲说："这位母亲希望孩子学医？"

母亲答道："的确如此。丈夫早逝，他原是医生。我们家世代行医，先祖也是医生。所以希望孩子也能继承衣钵。我们母子二人相依为命，孩子学医是一家的夙愿。"

然而，老者观少年了凡面相后，说道："此言差矣，这孩子成不了医生。他命中注定是官场中人，考科举、得功名。某岁通过县试、然后通过府试，最终赴京赶考，金榜题名，授赏官职，年纪轻轻便封县令。婚后膝下无子，53岁寿终正寝。"

少年了凡与母亲听了白发老者一番话，觉得不可思议，但之后少年了凡的成长历程果然不出老者卜算。某年考中第几名，某年有何遭遇，了凡的人生无一不被老人言中。

不久，了凡出任县令，前往该地乡间的一所禅寺拜访高僧 。

了凡与高僧相对坐禅。他虽少年得志，打坐入定时却心思澄明，毫无妄念，高僧大为惊叹，询问缘由。

“为何你年纪不大，禅定功力却如此深厚。曾在哪里修行？”

“我从未正式修行。”

“那为何坐禅三日，不见起一个妄想？”

“是，我无所妄想。”

“这又是为何？”

“我幼时曾邂逅云游的老者，蒙他卜算命运，直至今日，命运不出老者所言。我一生已被算定，何妄之有？功名利禄已到尽头，结婚也不会生育子嗣，53岁寿终正寝。我心中无惶无恐，无烦无恼，澹然无所求，听天由命罢了。”

高僧听罢此言，怒道：“我当你是豪杰，谁知不过一介凡夫俗子。”

于是，高僧便向了凡讲解了因果报应法则：

“你刚刚一派胡言！人虽有命，绝非一生已成定局。命运，不等同于宿命，未尝不可扭转。既有因果报应，命运便可以改变。从今往后，你若求取更好的人生，此时此刻起，积累德行，力行善事。如此，你的命运必将不同。”

了凡年少为官，却生性秉直，

将高僧一席话铭记于心，回家后向妻子转述。

其妻也是温良之辈，说道：“真是了得！只不过，一个人积德行善，恐怕不容易成事。不如两人相持，一同行善。当动了恶念、想做恶事时，两人互相警示；记录功过格，善则画圈，恶则画叉，互相监督。”

有夫人相助，了凡坚持行善，命运从而得以更改。53岁竟然无恙，并且生有一子，直至七十多岁卒，一生功成名就。

由于讲述因果报应改写命运的书籍并不多见，安冈正笃常常提及此书。

相信诸位读罢便会醒悟——因果报应法则会产生强大的影响力，足以改变命运。

因此，积德行善，善果并非立现，会有滞后。原因在于，我们的人生是由个人原本的命运和因果报应两条法则互相交织而成的。故而，因果报应法则并不一定能出现显而易见的结果。

恶运为何扭转

依我的人生经验，我认为，尽管人各有命，而因果报应法则会对命运施加影响，从而改写生命轨迹。然而，也有人疑惑，虽说“善有善报，恶有恶报”，有时却也不尽然。

究其原因，一是因果报应的结果会延迟显现；二是与命运交织重叠，结果不会显而易见。

当着诸位的面，我断然肯定命运的存在，但其实我自己从未占卜问卦。

年轻时也曾在神社求过几回签，但并无好感。尽是些上上签、中上签，我一概不喜欢——虽说我笃信命运。

究其原因，我虽然认为人各有命，却并不希望提前获悉，宁愿一无所知。

人生，尽力而为，足矣。无用之事，多知不但无益，甚至会背离常理，偏离正轨，搅乱人生。不如一无所知，尽力而为。

年轻时，我的一位朋友对占卜问卦深信不疑，非常虔诚，从生活到事业，乃至健康，诸事无不问算命先生。

例如，搬家的时候，要打探方向和方位，以作参考，还常根据中国的风水来更换住宅。

此人常向一位算命先生咨询，不仅他自己的事情，每回最后必定将我的名字写给对方，替我打听（笑），问对方“此人如何”。然后给我打电话告知咨询结果。

有一次，算命先生将我的生辰八字问了个仔细，算出正是“天中杀”，即命运最恶的时期。

“哎呀，真是异乎寻常。那位可是京瓷

的稻盛先生吧！现在时运亨通，年少有为，当了社长。此人现在正是命运最差的时候，说不通啊！大概去年什么时候帮了什么人，行了什么善。你去问问看。倘若不是那样，按此人的生辰八字来算，今年运道特别差，尤其健康方面，甚至有可能丧命。按理不可能活得这么好，应该是发生了什么。”

据说这是算命先生的原话。

当时，我尚未领悟现在告知诸位的这些道理，吃了一惊，心想，竟有这种事。这也说明，哪怕命运已经沦落到谷底，依然能通过积德行善平息态势，维持现状。

由此说来，命运与因果报应法则两相加乘，则效果助长；两相对冲，则效果抵消。反之，作恶会让命运一蹶不振。

所以，因果报应法则，有时候不尽是“善有善报，恶有恶报”。

总而言之，命运与因果报应法则两相作用，结果好坏并无定论。也正由此，形成现在的人生。

遵循原理原则

如何度过波澜起伏的一生

应对诸象之法

我们的人生，由命运和因果报应这两大法则支配，除此以外，别无其他。

两大法则，造就了芸芸众生。

那么，我们如何依据两大法则来应对人生中的种种现象呢？

例如，在经济不景气的态势之下，有人顺顺当当，有人节节败退，有人病病殃殃，有人如坐针毡……林林总总，不一而足。

应当如何应对？处理方式一变，人生会截然不同。

下面谈一谈应对之法。

波澜壮阔、
跌宕起伏才是人生

一个人天生注定的命运，一生中的所思所想、一举一动所带来的结果——因果报应法则，这两者构成了我们的人生。

日复一日，我们与“人生”相逢。有时凄风苦雨，有时春风得意，真可谓一生苦乐参半！

修习佛法时，最初的开示，即

释迦牟尼佛祖所言，观芸芸众生，苦乐相随，毫不留情，“诸行无常”。

万事万物不会恒常永久。今天活蹦乱跳，明天说不定就会病倒；今天经营状况良好，明天就可能开始走下坡路。

世间诸象——眼前发生的种种现象，不会恒常永久、一成不变的，即所谓“诸行无常”。

“诸行”指一切现象；“无常”，无法保持固定的常态。

人生波澜壮阔，起伏不定。佛祖曰：众生皆苦，人生即苦行。

人的一生，苦不堪言，释迦牟尼佛祖为解救芸芸众生脱离苦海而修行。

不求自身的救赎，身边的人无不在受苦。诸行无常，众生皆苦。为解救苦难的众生，释迦牟尼选择了出家之道。

我们眼前发生的一切表象都不是长久不变，而都是跌宕起伏的。常常以为一帆风顺，怎料情形急转直下——无论身体健康状况、经营形势、朋友关系，从无恒定。

以“感恩之心”对待命运

某件事之所以发生，如前所述，必源于两大法则。某现象发生之时，每日如何应对，则至关重要。

而答案，不言而喻。即，无论境遇好坏，无论命运如何，都以一颗感恩之心相待。但这谈何容易！

例如“感谢苦难”，说来头头是道，实际遭受灾祸的人若要心怀感恩，实在很难，倘若修为不够深厚，不可能做得到。

然而，无论是否修习佛法，都希望诸位能理智地存有“感恩”的意识。倘若放任自流，那将万难达到，抱憾终身。

无论如何，遭遇苦难之时，我们必须秉持感恩之心，面对一切。

健康状况也好，其他方面也罢，一旦发生苦难或灾祸，不由得会冒出“凭什么偏偏我这么倒霉”的念头。

然而，我们必须理智地抑制杂念，心怀感恩，坦然相待。今日、此地，希望诸位将

"感恩之心"理智地存入意识之中。

这是先决条件。有人会认为，遇到好事的时候，自然而然会产生感恩之心，其实则未必。

天遂人愿时，会习以为常，甚至犹不知足，更遑论灾祸临头，又如何能够心怀感恩之心？

无论祸福，心怀感恩，真诚道谢——这是先决条件。

而多灾多难或者命运多舛时，不哀叹、不消沉、不怨恨、不诉苦，锐意进取，勇往直前——这是先决条件。

感恩之心是最积极进取的思想，其前提是，必须做到不消沉、不诉苦、不怨恨、不嫉妒、能吃苦。

得志之时应当感恩。我蒙上天眷顾，固然是好事，但真是受之有愧！若怀有这番感恩之心，一定不会居功自傲，而常常谦虚行事。

称心如意时，不会自命不凡；事业有成时，不会妄自尊大——对一切心怀感恩。

时运不济或者遭遇灾祸时，也应该秉持一颗感恩之心——既然天降难于我，那么，忍受苦难，经历磨炼，相信终会有收获。不诉苦、不怨恨、不嫉妒，忍耐、努力、坚持！

点燃辉煌的希望，勇于拼搏，锲而不舍——是先决条件。

一生不失质朴的松下幸之助

松下幸之助先生幼时家道中落，辍学当了学徒，可谓命运坎坷，吃尽了苦头。但他却从不自怨自艾，一心跟随师傅，为获得师傅的首肯而勤勤恳恳、任劳任怨。

因勤快伶俐，松下幸之助先生深受客人喜爱。客人使唤他跑腿买烟，他也会高高兴兴地跑去街角的烟铺。

质朴开朗、不畏困境、坚韧不拔、顽强奋斗，这样的少年才能白手起家，创造出松下的伟业。

境遇相似的少年何其之多！有些孩子年纪不大心眼却不少，嫉妒同龄人吃得好、穿得好、能上学。如此一来，孩子会心理失衡，甚至心存芥蒂。

少年时期总是怨天尤人，这样的人成不了大气候、大人物。

另一方面，松下幸之助先生虽身处逆境，却安之若素。我虽然不知他是否对自己的命运、境遇心存感激，但可以看出他绝无半点嫉妒或怨恨之心。

正因为松下幸之助先生坦诚率真、甘于忍耐、勤于奋斗，才能功成名就。就我自己而言，之所以能有今日，也正取决于关键时刻的应对心态。

尽管目前遭遇逆境，但这也许是上天赐予我们大展宏图的绝好逆境。若能战胜逆境，我们必将苦尽甘来。因此，如何应对会关系着今后的命运走向。相反，飞黄腾达时，如果应对不慎，恐怕也将乐极生悲。

心存感恩之心，
理智地感恩

无论境遇好坏，以什么样的心态来应对，才是头等大事。

然而，只有修为高深的人才能凡事从容自如。追随释迦牟尼佛祖的悟道者，时刻怀有感恩之心，我们俗人难以企及，甚至还会反其道而行。

因此，我们唯有保持理智，以

作应对。

杰出的修行者，即便不言不语，自然而然能以感恩之心来处事。他们是证悟的修行者，我等俗人甚为不易。

因此，我们必须将“感恩之心”谨记于心，铭刻于理智，有意识地督促与自省。

坐而论道
不如身体力行

无论骨干企业，还是中小企业抑或小本经营，常有经营者略有小成后洋洋自得，甚至从此耽于逸乐，将企业毁于一旦。事无大小，人生中各种遭遇的应对方式，全然决定了今后的命运走向。

所谓从哪里跌倒，就从哪里爬起来。有的经营者因经营中小企业而崭露头角，但之后却自我陶醉，忘乎所以，只知自吹自擂，甚至沉湎于声色犬马，一手导致公司快要破产。

但有的经营者会由此悬崖勒马，反思自己之前的荒唐想法，如今企业经营出色，稳步发展。

人生，好坏交织，波澜起伏，所以无论境遇是否顺意，如何应对眼前发生的现象，进一步决定了人生的方向。

如此三言两语，诸位可能不太容易理解，另外，诸位恐怕也从未听过这么明确的结论。所以可能会过耳即忘，派不上用场。

因此，大家必须记录下来，用理性鞭策自己。经年的修行者、悟道者，无需听这些道理，也知道如何去做。然而，我等俗人很难践行。

道理浅显，五岁小孩子也能听懂。诸位都是大企业的老板，对你们唠叨这些无用之言实在失敬，然而，哪怕这么简单的事情，有些成年人也不明白，岂不令人唏嘘？

人生走到今天这一步，并非轻而易举，如果就此断送前程，对于当事者而言未免太不值得，对社会而言也是浪费，而并无瓜葛的我们同样为之扼腕。

铁一般的真理，掷地有声，却从没有人告知。正因为没人郑重其事地教导企业经营者，所以只能哀叹那些“豪杰”不复当年。

其实，大家对这些道理也并非一无所知。我向诸位由浅入深、层层分析到现在，想必诸位也已了然于心。然而，目前仍然止于泛泛理解，无法避免明知故犯。

人生只有一次，诸位都有好好过一生的权利和自由。

然而，倘若曲解了自由，用错了心思，放错了心态，不论过失大小，都将仅此一回，本应好好珍惜的人生断送，这类事件层出不穷。

对此，我深感忧心。

以上是第一部分“何为人生”，阐述“人生由何构筑而成”“人生中发生的现象如何应对”。第一部分到此完结。

人生的目标——提升心性

在波澜壮阔的人生中磨砺灵魂

接下来，谈一谈人生的目标。

前面已经阐明了人生的真相，那么，我们应当抱着什么目的度过一生呢？

答案就是：人生的目标是提升心性。我称之为：净化心志、升华心灵。一言概之，人生的目标，是提升心性、净化心志、升华心灵。

或者说，提升人性、提高人格。这些都是同义词，都是我们人生的目标。

人生在世，在命运和因果报应法则这两大法则的共同作用下，我们度过波澜壮阔、跌宕起伏的一生。这一生，我们提升自己的心性，净化心灵，提高人性，磨炼人格——这就是人生的目标。

换言之，经历着人生中的波澜起伏，借此淬炼灵魂——这就是人生的目标。

为社会为世人鞠躬尽瘁的美好心灵

在波澜壮阔、跌宕起伏的人生中打拼，磨砺灵魂、提升人性、提高品格，以此作为人生的目标。以我本人为例，自年轻时候起，我就把人生的目标设定为——为社会为世人鞠躬尽瘁。

倘若品格尚不完善，心志不高，则达不到上述境界。所以，为世人鞠躬尽瘁，是我的人生目标。

为何得出这个结论？具体说来，我也好，诸位也好，都在为事业打拼。多年之后，声名鹊起，事业有成，不久，即将与世长辞。

人生在世，从出生到步入社会，这二十余年是充裕的预备期。在社会上尽心竭力、日夜操劳，约四十余年能为世人鞠躬尽瘁。那么，其后20年，就是迎接死亡的预备期。

于我而言，死亡是灵魂的崭新旅程。所谓“其后20年”，正是为灵魂启程做准备。最初20年、中间40年、最后20年——假设80年人生终结，那么一生的时间可以这样分配。

于是，60岁时，我打算余下的20年时间为迎接死亡、踏上灵魂之旅做准备。然而，俗事繁多，忙得不可开交，无从开始。

65岁后，时不我待，开始修习佛法，略知皮毛——这也是准备的一环。

在这样的情境下，我开始直视死亡，回首过往。所谓“声名鹊起、事业有成”，就我个人而言，是指创建京瓷、KDDI等。

在这过程中我被戴上“响当当的实业家”这顶高帽，也被世界多所大学授予名誉博士称号等。

然而，一想到死亡，不禁思考，那一切对我而言，到底有什么意义呢？

积蓄财富、创立一流企业，果真是我的人生目标吗？年轻时，为把京瓷打造成备受世界赞誉的杰出公司而不遗余力。若以此作为目标而奋斗，似乎也已经遂愿。然而，这果真是我的目标吗？三思之后发觉，也不尽然。

人生在世，终其一生，为世间、为社会、为他人做出多大贡献，恐怕，这才是一个人的专属勋章！

甘于为世人奉献，需要拥有美好的心灵。所以，怀有美好的心灵，愿为世人鞠躬尽瘁，提升心性，磨砺灵魂——这才是人生的勋章，才不枉来世间走一遭！

随着死亡越来越近，我日渐彻悟——一颗历经淬炼、脱胎换骨的心灵才是真正的勋章。之所以这么想，是因为，即便肉体灰飞烟灭，我的灵魂——凝聚在心中的灵魂不会泯灭。

心灵会如何发生蜕变，取决于经历波澜壮阔的人生之后，灵魂能否比出生之时更胜一筹。

人生有苦有乐，一言难尽。遍尝世间百态，从而磨砺而成的灵魂，才是我的珍宝，是人生的目标。

而且，只有当灵魂踏上彼岸那一刻，才能知晓，这一辈子是否无怨无悔。

比出生时更胜一筹的美好心灵

人生的目标是提升心性，磨炼灵魂，此事永无止境。

因此，莫问提升到什么层次，磨炼到什么程度。关键在于，是否有自发的意愿。若曾发愿，尽力而为即可。

磨砺心灵，磨炼灵魂，最终抵达释迦牟尼佛祖“大彻大悟”的最高境界。释迦牟尼佛祖通过修行、坐禅而悟道。若能抵达最高境界，人就会有璀璨夺目的美好心灵、高尚灵魂。

登峰造极之美，是大彻大悟的灵魂，我们常人难以企及。

然而，生命终了之时，灵魂比出生时略有进步，心灵也稍经磨炼。这也算成就了人生的价值。

也有人带着堕落而污秽的灵魂去往彼岸。切勿如此！决意把提升心性当成人生的目标，临终时，灵魂比出生时更加美好。淬炼光彩大气的心灵，这样才可谓达到了人生的目标。

一生完结时，心灵的境界参差不齐。境界越高，固然越好，但生命终结那一刻的灵魂、心灵远胜于降临人世之时，一生便有了价值。

人生的意義
在於磨煉靈魂

一生遵循佛祖的教诲

放之四海而皆准的“六波罗蜜”教义

那么，如何磨炼心志？用我的话说就是“提升心性，拓展经营”。我认为“philosophy”，即哲学，在经营中必不可少——换言之，思维方式至关重要。在我的成功方程式“人生 · 工作的结果 = 思维方式 × 热情 × 能力”中，我也谈到，思维方式非常关键。

作为企业的管理者，也必须具备哲学理念、思想观念和思维方式。所以，我提出“提升心性，拓展经营”这种思维方式。

Philosophy（哲学）正是磨炼心志的方法之一。此外，还有我将向各位解说的释迦牟尼佛祖的教诲——“六波罗蜜”这一修行的方法。

我还常提到企业管理者必须具备经营哲学。每回向诸位解说经营哲学时，我从不传授经营的独门秘籍之类，反而总谈及关乎经营根基的哲学理念。

所谓经营的原理法则，并不是只经营就

能行得通。“作为人，何谓正确？”“将作为人应该做的正确的事情以正确的方式贯彻下去”才是根基。它要求经营者不仅懂经营，更要通人性。

所以，我所说经营的根本哲学，是与“人的本分”密切相关。倘若“人的本分”都做不好，谈何企业经营？

修习佛法后，我才意识到，这番经营理论与释迦牟尼佛祖所说的“六波罗蜜”本质相通。

“六波罗蜜”是释迦牟尼佛祖为帮助众人开悟而点化的修行方法。“磨炼心志并以此作为人生目标”，具体该怎么做，答案与“六波罗蜜”完全一致。下面向诸位阐述何为“六波罗蜜”。

首先，
为他人尽心尽力

所谓“六波罗蜜”，即通过六项修行，磨炼心志，净化灵魂，最终抵达大彻大悟的境界。首先是“布施”，即施舍，为社会为他人而鞠躬尽瘁、死而后已。

我们身为实业家，是企业的经营者，追求正当利益，通过盈利来养活员工、贡献社会。这一过程中，我一直相当重视“利他”之心，即有利于他人。一般而言，经营者以自身利益为第一考虑，先行追求自身利益，若有余裕再分给他人。这是普遍做法，但却并不可取。

我向来提倡，帮助并施予对手，我们的事业才能成功！

有品行恶劣的评论家对此嗤之以鼻，说提倡利他之心，怎么可能搞好企业经营？我却认为这才是事业的真髓，缺乏利他之心，不可能成就真正的事业。

打个比方，泡澡的时候——近来家庭中一般都使用小型浴缸了——泡在澡盆里，用手掌把热水往对面推，水必定会反流回来。

恐怕有人觉得这话无聊可笑，但道理正在于此。倘若为了对方而将水往对面推，水必定会重新回来。

常言道：“赠人玫瑰，手有余香。”为别人尽心尽力，自己也会受惠。助人即为布施，并不是只有向僧侣施舍香火钱才称为布施。广助他人，才是布施。

人生在世，常存“利他”之心，身体力行，此为修行之一。

知足乐天，
断除烦恼

第二项修行是“持戒”，即恪守戒律，断除烦恼，遵循为人准则。

如前所述，常常有人“这山望着那山高”，原本应当对成功心怀感恩，知足而后行，他们却志得意满，没有半点感恩之心，甚至得寸进尺，愈发目中无人。这就是“惑”，即烦恼。

人心不足蛇吞象。欲望的无底洞，可称为“贪欲”。诸如此类统称为“烦恼”，断除烦恼即“持戒”，抑制人的不义行为。

劳动塑造人性、磨炼心志

第三项修行是“精进”，即付出不亚于任何人的努力。

布施，为世人尽心尽力，从而磨炼灵魂。持戒，杜绝不义之事，以此磨炼心灵。同时，精进、努力奋斗，是三者中最为重要的磨炼心志之法。

我们经营企业，夜以继日，任

劳任怨，这番辛苦操劳对磨炼心志、塑造人性最为有效。

因此，如果一位经营者勤勤恳恳、一丝不苟，那么他绝对不会是恶人。而经营上虎头蛇尾却又穷奢极欲的人，已然不可救药。凡事尽心尽责、兢兢业业，即便不刻意修行，也会造就杰出的人格。

劳动并不纯粹为了获取生存所必需的粮食，还能塑造人性，其重要性不言而喻。然而，进入 20 世纪后，劳动这一行为的意义和价值，被过度的“唯物化”。

其中，“劳动只不过是获取报酬的一种

手段”“为赚得生存所需的粮食而工作”这种思想广为传播。

好逸恶劳，沉湎于个人的娱乐消遣、兴趣爱好——这种人生才叫精彩，我们一直被灌输这样的观念。

于是，我们轻视劳动，不愿工作。第二次世界大战后，劳动时间不断缩减，误认为这是正确的方向。

其结果，青少年游手好闲、犯罪率攀升、生母虐子等社会问题频发。究其根本，源于心灵的荒芜。心志萎缩、缺少磨炼，才导致上述现象。

没有灌输正确的认识也是问题之一，然而，真正不辞劳苦、勤恳尽责的人，即便没有接受过这种教育，也能通过辛勤劳动领悟出来。

二宫尊德——劳动提升人格

二宫尊德并无满腹经纶，不过是一介农夫。孩提时双亲亡故，寄居在叔父家，干着佃农的活，起早贪黑。

他求知欲旺盛，夜晚在油灯下夜读，叔父责怪其浪费灯油而大怒，于是只得中断学习。

即便如此，他依然披星戴月地

在田地里劳作。不久，农活已经得心应手，技艺超群，贫瘠的村庄在他的手中接二连三地恢复了生机，众人交口称赞。

晚年二宫尊德为德川政权的将军府所起用，与众多的武士、诸侯一同上殿。他的仪态举止、言辞谈吐，无一不让人误以为他出身贵族。

原为一介农夫，不曾学过礼数，却落落大方，温文尔雅，言语考究，不禁让人追问其缘由。

从早到晚扛着锄头、铁锹在田间劳作，二宫尊德的经历是劳动磨砺心志的明证。

换言之，唯有脚踏实地、勤勉工作，才能磨砺心志——我是这么认为的。

棒球磨炼品性

想必诸位也有所了解，具备一技之长者，即便是木匠，也会成为木工翘楚。看他们的电视专访，全都人品出众。

运动界也不例外，心无旁骛、潜心练习、不断进取的选手，其人格品性无不经过千锤百炼。

本月（2001年7月）《日本经济

新闻》“我的履历书”专栏的主人公是“铁臂投手”稻尾和久。稻尾原就读于大分县一所默默无闻的高中，未能征战甲子园（日本高中棒球联赛的俗称，全称为全国高等学校棒球选手权大会。——译者注），于是加入了当时的西铁棒球队（西武前身）成为喂球投手（棒球队训练时，为了让击球手练习打击而投球的人称为“喂球投手”。——译者注），但他并未因此灰心丧气或愤愤不平。

1956年，即我1955年大学毕业进入公司的一年后。当时，我的月薪是八九千日元。那一年，稻尾高中毕业，加入职业棒球队。

文中记载了稻尾的一段往事。稻尾是渔民家庭出身，棒球星探来到家中，堆上了50万日元的钞票当作契约金。母亲看见后，白了星探一眼，一挥手把钱推翻了。

尽管稻尾高高兴兴地加入了棒球队，但一同入队的田（隆幸）因曾经出战甲子园，被任为主力投球手，稻尾非常羡慕。两人结伴在场地练习，稻尾作为喂球投手，每天投球200个，日日不辍。

当时的西铁棒球队中，中西太、大下（弘）等高手挥舞球棒，击打出的球呼啸着与稻尾擦身而过，打在身上必死无疑。稻尾一边提心吊胆，一边每日投球200个。深知自己尚未进入名投手的行列，稻尾一声不吭，日复一日，投球不止。

有一次，稻尾问起一同入队的两名高中毕业，比自己名气大得多的选手：“你的签约金给了多少？”一位回答是500万日元，另一位则回答是800万日元。他心想，如果问母亲为何瞥了一眼50万日元，就推翻了，她估计会要回答“棒球手每月的工资也得50万日元吧？”

差异正在于此！一般年轻人会对世事怨气重重，常生猜忌，而稻尾却总认为“那也无可非议”——那些家伙是出战甲子园的名投手，我名不见经传，本也在情理之中。他抱着这种想法，不声不响地持续投球。这样的人，吃苦耐劳，且甘之如饴。

虽然意识到被欺骗，稻尾却从没有一句怨言。他第一天最先出场，第二天中途上场，第三天又继续投球，如此这般，西铁队才获得了第一次优胜——总被这样呼来唤去，无限度地被派上场比赛，稻尾心里却毫无阴翳。

这位备尝辛苦、不断精进的棒球手所写的自传文章，让人感慨万千，赞叹不已。果然，倘若心性不完备，心志未曾经历磨炼，写不出那样的文章，那样的经验之谈。

文中也提到，高中时稻尾读的是商科，数学却什么都不会。原本不会打算盘就无法毕业，最终学校好歹网开一面，说这家伙特殊对待，准予毕业。

学习成绩不行，学业结束后开始的棒球人生，按理说应该并不会有多大出息。但稻尾专心致志地打棒球，最终锤炼成出类拔萃的人格。

劳动有多大的价值，从这段故事中也能品味出来。

呕心沥血，
提升心性

第四项修行是“忍辱”，即忍耐力。释迦牟尼佛祖认为，人生有各种遭遇，如果能承受屈辱并忍耐之，就能提升心性，塑造人格。

第五项修行是“禅定”。人世间终日喧嚣嘈杂，正因如此，至少一日一次，静心打坐。我们总是火急火燎，东奔西跑，即便不打坐，哪怕略微控制心绪，平复心情，即为禅定。能做到上述五项，从而抵达宇宙的“智慧”之境——释迦牟尼佛祖称之为“开悟”。

布施、持戒、精进、忍辱、禅定——这五项修行是提升心性的基础，通向开悟的捷径，由此提高人格、塑造人性。

我着重强调，企业经营者必备的哲学理念中，最重要的是利他之心，即“布施”。

另外，经营者要“持戒”，即遵守戒律，不可任性妄为；经营有道，分清是非曲直。经营者还需要“精进”，付出不亚于任何人的努力，吃得苦中苦。

换言之，我们为企业经营而呕心沥血，努力奋斗，便会提高人格，提升心性。

提高人格，提升心性，百折不挠，成为一个“更好”的人，临终之时问心无愧——这至关重要，也正是人生的目标。

心境高，人生顺

提升心性，塑造人格，如此一来，将会如何？

通过事业，我们全力以赴地修行，塑造杰出的人格，那么，将会抵达何方？人格高尚，自然会向善、行善。

在因果报应法则的作用下，人生会走上坡路，事业也会随之逐渐有起色，一切都迎刃而解。

如此三番，心境好转。之前自视甚高，一心谋利，如今却能够解脱这种束缚，通观全局。

虽说尚未悟道，仅仅视角略微转变，你却更富洞察力。

例如，同行为争夺市场占有率而竞争。你就能发现魑魅魍魉、你争我抢、机关算尽、洋相尽出、乌烟瘴气。

又例如，估摸着那家伙再这样下去会吃苦头，还眼睁睁见他摔了跟头——人为欲望纠缠时看不清脚下。世间种种，大抵如此，如今我却看得一清二楚。

如此一来，即便不去争抢，你也唾手可得，甚至从天而降——从互不相让的蜂拥人群的夹缝中漏出来，掉到自己头上，真是不可思议。

当然，我这么说，并非让诸位只是旁观，也必须得要工作。目光从个人的贪欲上转移，人才能耳聪目明，洞悉事物的真相。

人生在世，勤于磨炼心志，事情才能顺利进展。因果报应法则也是同理，通过自己的心志看待事物。

事业的发展过程中，诸位要不囿于眼

前，而是通过心灵观察事物。如果我们心境高远，魑魅魍魉就无处遁形，也就能看清贪婪顽固的人们如何互相争抢，堕入饿鬼道（六道轮回之一，佛教中指犯悭贪嫉妒者所受惩罚。——译者注）的人们如何蠢蠢欲动。

置身其间，就会豁然开朗——自己应当如何过一生。

在这一意义上，塑造人格、提升人性是头等大事——这就是人生的目标。

付出不亚于
任何人的努力

活法的真髓

稻盛和夫箴言集

1

1

我们凡事倾向于考虑得过分复杂。其实，事物的本质十分单纯。即便乍一看盘根错节，也不过是简单事物的组合而已。

《活法》

2

人生的结果=思维方式×热情×能力，这个方程式揭示了普通人的成功法则。相较于才华出众却懒惰的人，才能平平却满腔热情、不甘落后的人更能成就大事。此外，思维方式决定了人生能否成功。

《活法贰：追求成功的热情》

3

首先要付出“不亚于任何人的努力”。“不亚于任何人的努力”，其深度和广度都无穷无尽——换言之，一心一意，任劳任怨，勤勤恳恳。功夫不负有心人，灵魂正因此而不断净化。

《活法肆：人生与经营的法则》

4

即便家财万贯，声名显赫，统率众人显耀于世，死亡降临，人生画上句点之时，肉体等有形之物统统不能带走。然而，并非一切都归于虚无。我相信，只有人内心最深处的“灵魂”才会作为其人一生的结果存留下来，甚至可以带往来世。人生的目的是塑造至美之灵魂。依我看来，我们被赋予生命，正是为了在人生——这一特定的时间与空间中——磨砺灵魂。

《活法叁：人生的王道》

5

即使你急功近利，明天也不可能跨越今天提前到来。到达你向往的目的地，没有“一跨千里”即刻可到的捷径。千里之行，始于足下。要实现远大的理想，只能靠一步一步、一天一天踏实努力的积累。

《活法》

6

为实现大志，必须集结众人之力。此时，至关重要的便是西乡所言之“正确的道义”。志向高远、埋头苦干的人，其周围自然会聚集志同道合者。同伴逐渐增多，不久便可以实现当初无法想象的伟大成功。

《活法叁：人生的王道》

7

一个念头到它最终实现，需要经历一定的时间，并不是今天产生的一个善念，明天就立刻会得到善果。然而，从 20 年、30 年的时间跨度上来看，得失必相吻合。

《活法肆：人生与经营的法则》

8

我认为，一个人的“善念”能够让自己的命运变得更好。因为利他的美好想法顺应了宇宙的法则。在宇宙间涌动着一种让所有事物都得以成长发展的力量。这种力量就被称作为宇宙法则。而是否能够顺应这个宇宙法则最终决定了我们每个人的命运。

《活法肆：人生与经营的法则》

9

考验并不是单指苦难，成功也是上天给予的考验。陶醉于微不足道的成功，沾沾自喜，目中无人，这样的人，最终必将沉溺于自身无止境的欲望中，不可自拔。忘记谦逊美德的经营者所掌舵的企业，从无长久持续繁荣的先例。

《活法叁：人生的王道》

10

提升心志就是带着比呱呱落地时稍稍美好的心灵告别人世。死亡时的灵魂比出生时略有进步，就是心灵稍经磨炼的状态。抑制自我放纵的情感，让心灵宁静，让关爱之心萌芽，让利他之心滋长，哪怕是一点点。让我们与生俱来的灵魂向美好的方向变化，这就是我们人生的目的。

《活法》

燃烧的斗魂

盛和塾 第20回世界大会
心を高める　経営を伸ばす

编者按

京瓷及KDDI的创始人稻盛和夫先生，作为聚拢年轻企业家的盛和塾的塾长，为培养并提携经济界的新生力量倾注了毕生心血，通过盛和塾的历届活动，亲口传授其独树一帜的人生哲学与经营理念。

与此同时，作为经济、政治以及文化等众多领域的舆论领袖，稻盛先生的言谈常常备受瞩目。

稻盛先生的演讲字字珠玑，惜有幸亲临现场聆听者甚为有限。此次整理演讲原文，悉数结集出版，并将CD随书一同发售，望能惠及更多人士。

本系列丛书，若果真能为诸位的人生助一臂之力，成就辉煌未来，那真可谓是荣幸之至。

本书将2006年11月26日稻盛先生在盛和塾纽约塾长联合例会上的演讲整理成文，CD中收录其演讲原音。会议现场录制，音质可能会有不尽人意之处，期望能予以谅解。

本CD与KCCS管理咨询株式会社所发售《稻盛和夫经营演讲录CD系列》第67卷《经营力》内容相同。本书根据演讲录音整理，为阅读之便，稍作改动与编辑。

目录

经营者的“自力”

借助“他力”——自己的分身

天地之力为我所用

經營取决於
堅強的意志

经营者的『自力』

验证商业的可行性

今天，我要谈一谈经营必不可少的三大关键力量。

一种是“自力”，是企业高层管理者必须具备的力量。这种力量正如“经营十二条”所说，能够统筹全局并贯彻执行。这是经营者能力的首要体现。

当被问道：“你是否具备经营

力？能否运用自如？”倘若你能够坦然答道：“本人切实履行‘经营十二条’，并贯彻于实践。”那么，可以说，你基本具备了经营者之力。

在日本，经营者起点不一。子承父业者有之，闯荡社会、摸爬滚打后出人头地者有之。而在美国，多数情况下，筹划某项新事业，会多方考察，发现商机，而后才开始独立门户。

在这种情况下，经营者还无需考虑“经营十二条”，首先要做的是，要斟酌筹划中的事业、正要起步的项目，在商业上是否可行。自行验证商机是否已经成熟，才是第一要务。

以制造业为例来说明。该行业一定存在既定的市场价格，那么，生产制造的成本价格能否与市场价格相抗衡？成本价格，加上材料费用、人工费用，最终决定了商品的售价。问题的关键在于，相较于商品售价，成本价格是否具备强有力的竞争优势。

有的经营者尚未进行深入探讨，仅仅因为自身有生产能力而匆忙开工。他们却不曾预料，投入生产之后，一旦该商品的售价大幅下跌，会立即造成亏本，陷入进退两难之境，这种情况也很常见。制造行业，必须事先计算生产成本、材料费用、人工费用，然后将其与市场售价进行比较，确实具备强有力的竞争优势后，才能投入生产。

流通业也是如此。流通业一般进行物品的采购与销售，或者并不实际销售，只赚取佣金或回扣。经销商、代理商、中介等均属于此类。

他们为某家制造商的产品招徕顾客，由制造商与顾客直接交易，作为中介费收取交易额 3% 或 5% 的佣金。包括这种情形在内，都属于流通业，入行门槛低，迅速便捷，投资规模小，这恐怕是最好做的生意。

即使是在这种状况下，经营者也必须由销售价格减去采购价格，计算出差价总额。

如果还需要辅助宣传等工作，那么经营必须保证至少10%，甚至15%的毛利率。

当然还要根据行业与市场的实际情况来计算合适的毛利率。因为在有些场合，销售过程中的人工费用相当高，而另一些场合则基本没有人工开支。

流通业中，全程独自操办，商品会得到多少毛利；雇用营业员进行销售，能否支付足够的工资——种种商业设想是否可行，是经营者首要考虑的问题。

经过一系列的深入探讨、论证并试行，确定赚取多少差额可以进行销售，投入多少成本可以开始生产。如果设想行得通，那么，万事俱备，只待着手创业。

前期准备到位，企业开始运营，紧随其后最重要的问题是，高层管理人员、经营者是否具备足够的力量。

经营者踌躇满志，愿意在流通或制造行业中大展身手，有信心赚取足够的佣金和毛利，立志全力以赴，不随意挥霍或者三心二意，那么，接下来，必须依照“经营十二条”，充分发挥经营者自身的才能与力量。

如果经营者自身不具备才能与力量，那么经营就无从谈起。因此，经营者不可寄希望于他人，一定要亲自上阵，踏踏实实履行“经营十二条”，培养“自力”。

踏实履行
“经营十二条”

“经营十二条”的第一条，“明确事业的目的与意义”。这就要求经营者应该行事光明磊落，行大义，尽本分，树立崇高目标。

为了提醒自己，不忘初衷，经营者必须确立“行大义、尽本分”的目的与意义。

创立事业、企业之初，倘若经

营者只为满足私利私欲，那将不得人心。员工会产生抵触情绪，认为经营者发财心切，颐指气使……如此一来，企业就不可能顺利发展。

所以，经营者必须树立“行大义、尽本分”的高层次目标，确立员工认同的意义与使命。

同时，经营者还必须目标高远，不能为中饱私囊而创业。话说回来，在美国，经营者满足一己之利、赚得盆满钵满的例子也司空见惯。

除此之外，有些公司由多人结成利害关

系，合伙创业，各司其职。这种情况下，利润分配只在高层领导者之间进行，一般员工容易闹情绪、结怨气，组成职工工会之类，挑起各种事端——这类事件也常见于诸报端。

依我之见，即便在为利害得失、私利私欲所驱动的美国社会，也应当确立“行大义，尽本分”的崇高目标。

第二条，“设定具体目标”。例如将“本公司本年度的销售计划与盈利计划”分解为月度实施方案，并将每个月的具体安排落实到每一名员工。

经营目标与计划避免空洞抽象，必须让

每一名员工都能理解，并产生意愿——“社长，目标已明确，照此实行”。经营者设立月度目标，并向员工解释到位，努力得到员工的协助，使员工能与自己齐心协力。如果企业不能制定如此能具体实施的方案，并落实到每一名员工，那么企业必成一盘散沙。

第三条，“胸怀强烈的愿望”。这种愿望是要渗透到潜意识的强烈而持久的愿望。强烈的愿望，纵有千难万险，也要矢志不移，不达目的誓不罢休——领导者、高层管理者必须铭记在心！

为了实现某一愿望，领导者甚至会日思

夜想，寝食难安。

今天，我想讲京瓷经营过程中发生的一件事。当时，自己尚且年轻，事事操心。那是新年后公司第一天上班，我召开员工大会，公布年度方针策略。正因为意识到，缺乏强烈的愿望难以成事，于是，我提出的口号是“新计划，新成就；高眼界，高气魄；不屈不挠，同心同德；心往一处想，劲往一处使”。

我用毛笔将这些口号写出来，张贴在公司醒目位置，并告知全体员工：今年，公司以此来鼓舞士气，发展经营。

"新计划，新成就；高眼界，高气魄；不屈不挠，同心同德；心往一处想，劲往一处使"，这个口号改编自中村天风（中村天风，1876 年 –1968 年，日本哲学家，曾跟随印度瑜伽大师在喜马拉雅山修行，创立了"天风哲学"，对日本社会有巨大影响。——译者注）的语录，非常激励人心。（再次朗诵标语）

振兴企业，制订新计划，明确每个月的具体实施方案，从而发展经营。为达到目标，必须付出不亚于任何人的努力，不畏困难，不屈不挠，意气风发，团结一致，顽强拼搏，兢兢业业！

换言之，目标明确、愿望强烈，是计划达成的必要条件。我借用中村天风先生的语录，将这一理念写成口号，希望诸位能“胸怀强烈的愿望”。

第四条，“付出不亚于任何人的努力”。枯燥无味的事务也决不懈怠，一步一步，脚踏实地，孜孜不倦。

日常工作并不风光。日复一日，为营业额而焦头烂额，疲于奔命，屡遭拒绝还得硬着头皮去争取订单。这种枯燥无味的事务也决不懈怠，一步一步，脚踏实地，孜孜不倦，即做到了“付出不亚于任何人的努力”。

第五条，“销售最大化、费用最小化”。与其追逐利益，不如从结果出发，量入为出，利益会随之而来。避免为利润本身所驱动，转而专注于“销售最大化、费用最小化”，自然会创造出最大的利益。

第六条，“定价即经营”。所谓定价，刚才我也解释过，即赚取多少差额。倘若这个前提不成立，那么，所有努力都只能付之东流。所以说，必须确定售价、确定进价，正可谓“定价即经营”。

一般来说，售价不是自己说了算，而往往取决于市场，而进价则由出售方来决定。

但是无论如何，最终，还是由高层领导者决定用哪种价格。所以，可以说“定价是经营者的事”。

第七条，“经营取决于坚定的意志”。企业经营需要愚公移山般的强大意志力，百折不挠，不甘服输。

第八条，“燃烧的斗魂”。商场如战场，厉兵秣马，驰骋沙场，骁勇善战，斗志昂扬。可谓“不战斗，无经营”。

第九条，“临事有勇”。经营者若行事懦弱，就搞不好经营。

第十条，“不断从事创造性的工作”。

十年如一日地重复劳动，一成不变，不会有什么发展前途。我们必须对工作进行创新思考，每天下一点功夫，日积月累地推进创造性工作。

第十一条，“以诚相待，诚实处事”。倘若没有体恤之意、正直之心，一定会导致经营不善。

第十二条，“乐观向上，心存梦想，怀抱希望，胸襟坦荡”。

以上是“经营十二条”。企业经营者只有发挥“自力”，切实履行“经营十二条”，经营才会走入正轨。

经营必须三力合一。首要之力是经营者自身的力量——有实力践行“经营十二条”，这是经营的先决条件之一。

借助『他力』——自己的分身

经营成败，关键在合伙人

经营力的第二大力量，其实到目前为止我从未特别强调过，那就是，在独自经营的情形下，是否有能力聚拢志同道合的合作者，或者称为副手、得力干将。

经营力的首要力量是经营者的“自力”，第二大力量——“他力”同样不可或缺。经营者必须善于借助“他力”。“他力”，首先表现在，甄选自己的得力干将，并将其招入麾下。

如此说来，让人立即联想到本田技研（本田技研工业有限公司，日本跨国企业，以制造汽车、摩托车、引擎为主，1937年由本田宗一郎创办。——译者注）手艺高超的铁匠本田宗一郎，以及他的后援藤泽武夫。藤泽先生精通经营管理，自始至终支持着本田先生。

所以，常有人说，正因为本田先生和藤泽先生两位通力合作，本田技研才能成长为享誉世界的企业。

同样，松下幸之助也有高桥荒太郎辅助。松下幸之助注重精神追求，一心琢磨技艺。而公司的管理与财务则由高桥荒太郎妥当打理。

一般而言，企业经营中，能否找到意气相投的合伙人，共同合作，分担重任，是决定事业成败的关键因素。

而我，起初并没有形成像本田宗一郎与藤泽武夫、松下幸之助与高桥荒太郎这样的合作关系。

从生产制造到销售，乃至经营，方方面面全部亲历亲为。但是，公司成立之后，我迫不及待地想找到一名合作者来助自己一臂之力。

我之所以开始阿米巴经营，实质上，也正希望借此磨合、培养出合作者。经营上，我已分身乏术。为了让员工理解我的难处，我对他们委以重任，肩负起某个部门的职责，亲身体验其中的甘苦——因为我想找到一名能设身处地理解经营者境况的人。

换言之，我想找到一名合伙经营者，于是，实行了阿米巴经营——通过各部门独立核算制度，“各人对本部门负责”——以此培养合伙经营者。

诚然，我一直是个多面手，但其间的苦楚一言难尽，甚至幻想，如果有个戏法，能像孙悟空那样，拔一根毫毛就能分身，我也会去试一试。

一旦有了分身，便可以分担重任，有人负责销售，有人负责管理。我一直期盼召集这样的人在身边。

打个比方，将经营这一沉重行李装入背囊，扛在肩上，弯着腰艰难爬坡；或者，扁担正中吊着“经营”重任，两人各担一端，齐声喊着号子，嘿哟嘿哟，抬着前进——当然是后者轻松多了！

能否得到“他力”的协助，各扛着扁担一端，关系着经营能否推进。

反观“人”这个字，从其结构可以推断，人不能一个人站着，需要互相支撑，据说这也正是“人”字的由来。

同样道理，经营全凭一己之力，难以为继，必须有人同甘苦、共分担。

利害关系，难以长久

话虽如此，别说日本，连在美国，合拍的搭档也着实不容易找到。

人种差异、宗教信仰差异、思维方式差异……资本主义社会的人际关系，不谈感情，仅以成败得失论英雄。这样的社会中，一个同甘苦、共分担的合作者更是可望而不可及！

大家会劝道："别做梦啦！在美国，找同甘苦、共分担的合作者，不现实！"其实日本也不例外。

一直以来信任的同事、伙伴、搭档，却被同行业的其他公司轻而易举地用高薪挖走了。越能干、越得力，同行的公司越想挖走。当然，有时也会通过公开招聘，被其他公司选中。

迄今为止并肩战斗的同事，第二天却进入同行业其他公司，成了竞争对手。底细已经被对方摸得清清楚楚，一触即溃，这样的事例也不足为奇。

所以说，合作者难寻！日本社会虽然不像美国那般利益至上，却也不容乐观。

我毕竟是独自打拼的过来人，深知个中状况。公司从小规模起步，逐渐步入正轨，这时独自一人挑大梁或许能扛得住，如果想做成上百亿、两百亿的大型企业，那么，值得信赖的合作者必不可少。

经营者权衡利害得失，会采取股票期权等奖励机制，或者以报酬等具有诱惑力的条件结成伙伴，这在美国是惯例。日本虽然也在实行，然而，这种关系很难长久。

如果由衷地需要一名同甘苦、共分担的

合伙人，经营者必须首先开诚布公，向对方传达对企业经营肩负的使命感。

诚心之交是根本

我认为，一个人的一生，是秉持某种人生观、基于某种哲学理念而度过。

这就是我总向诸位提及的“思维方式”。

我遵循某种思维方式度过自己的人生。也遵循同样的思维方式经营企业。对此，是否赞同？能否产生共鸣？面对有意相邀来共同经营的人，我会直言不讳。

惺惺相惜者才能并肩奋斗。

真心相待，全心托付，这种关系是制胜的法宝。当然，经济上的利害必须达成平衡，而根基必须是真心相待、全心托付的伙伴关系。

京瓷创业初期，我技术平平，资金缺乏，可以说是白手起家。我想，当时能依赖的唯有人和人心。

而人心易变，一言不合便有可能背信弃义。人心莫测，不足为信！

然而，回顾历史，义结金兰、赤胆忠心的英雄故事熠熠生辉。有人一诺千金，甚至为守约、为信义而不惜付出生命。

或许人心无常，但茫茫人海，一定会有岿然屹立、足以托付的伟大心灵！

为此，我们个人首先要以身作则——诚心相待，言而有信，才能结识意气相投的伟大心灵之人。

同甘苦、共分担，结成伙伴或搭档，相互扶持。而后，尽可能地，从一人，变成两人、三人，如果能集合六名干事，六人团结一心，坚不可摧。那么，这样的团队会为经营者增添“他力”。

不仅凭借自身之力，全体干事协同一致，这是企业经营过程中的头等大事。为此，经营者必须坚定信念，构筑卓越的思维方式，将志同道合者吸纳为得力干将。

全员相助，
众志成城

此外，经营者还必须获得全体员工的协助。

为了取信于全体员工，营造全员自发开展工作的氛围，企业经营过程中，经营者应该言谈坦诚，不加掩饰。即便是聚会的席间，经营者也要打开天窗说亮话，告诉员工自己打算如何经营，如何分享成果等等。

如此一来，全体员工会产生凝聚力：“这位社长，我愿意跟着好好干，助他一臂之力，不惜一切！”

全体员工的理解与协助程度决定了公司的经营——这么说绝非言过其实。

总而言之，首先，经营者必须具备“自力”，德才兼备。然后，实力雄厚的社长麾下，有副手或搭档等几位得力干将全心全意地辅佐，互相之间结成纯粹真挚的伙伴关系，赢得“他力”。

与此同时，社长还统率着一群为谋求幸

福而不惜鼎力相助的员工。如此这般，发挥他人之力，这就是经营力的第二大力量——借助“他力”。

满怀感恩之心

天地之力
为我所用

善念、善行生善果

经营的第三大重要力量也属于“他力”，这种“他力”是借助宇宙天地，将伟大的自然之力为我所用。

自始至终，我都向诸位强调，命运可以改变。积德行善，命运会转向平顺；作恶多端，终将落入万劫不复之地。

善因生善果，恶因生恶果，这

一因果报应法则是宇宙中铁一般的真理，之前我已经向诸位解释过。

向善、行善，人生结出善果——这就是将伟大的自然之力为我所用。

善念、善行，必生善果；恶念、恶行，必生恶果。这一因果报应法则，在人世之中有目共睹，佛教称之为“因缘”。

我们常说“无事生非”（日语写作“因をつけられた”。——译者注），一般用于贬义，日语汉字写作“因缘”（日语中的“因缘”一词在日常用语中有“无端的借口”之意。——译者注）。

而释迦牟尼佛祖参禅悟道后认为，天地万物、浩瀚宇宙的真理之中，原本都有“因”，“因”遇“缘”生“果”，是无可争辩的事实。

这个道理，高僧白隐禅师曾打过很多比方。例如，米，从一粒稻谷而来，稻谷为“因”。稻谷落到田里，需要水、土壤、日照和适宜的温度，才能发芽。芽长大抽穗，不久又结出稻谷，变成了米。

“稻谷”为“因”，遇到水、土壤、阳光、气温等“缘”，结出稻穗，脱粒成米，米即是“果”。

释迦牟尼佛祖将“因”称为“业”，宇宙有“因”。而“因”，在佛教中与“念”相通。空无一物的宇宙中，最初兴起的是“心念”。

基督教或犹太教称“太初有言”。“有言”，即发话，正表明有“念”，有“心念”。空无一物的太初，最先兴起的“因”是“心念”。“心念”是一切的本源。

佛教中，称之为“业”，前世今生，不断轮回的是我们各自的“业”。“业”“缘”会遇，生出结果。

因此，每个人的人生也罢，种种遭遇也

罢，都是与生俱来的“业”遇到“缘”之后呈现出的结果——这与因果报应法则是完全一致。

善念、善行，生善果。同样，善因、恶因，因缘际会，各得其果。

禅宗问答
“因缘法则”

我所属的临济宗（禅宗南宗五个主要流派之一，始于唐代，12世纪后传入日本，20世纪80年代，日本临济宗信徒逾500万人。临济宗对日本的茶道、书法、武术、绘画、文学、建筑、能乐、连歌、园艺、料理等都有很大的影响。——译者注）流派临济禅中，有一本《无门关》(全称《禅宗无门关》，宋代无门慧开禅师撰、参学弟子宗绍编的一部禅宗经典。临济宗对其尤为重视，其英译本在欧美十分流行。——译者注）问答录，书中的第二则是“百丈野狐”的禅宗问答。

传说，某位禅师说法时，总有一位老僧随众倾听。禅师思忖道，这位老僧竟如此热心听法！某日，说法后，老僧不归。禅师问其缘由，答曰，自己本是400年前该寺的主持。随后，老僧讲述了下面这番话。

我任主持之时，曾有人问：“佛陀所说因缘之缚，即因缘际会，必生果报。那么，得道高僧是否已经从这因果律、因缘法则之中解脱了呢？”

我当时答道：“理所当然。倘若开悟，即不为因缘法则所缚，已然解脱。”话音刚落，我变为一只野狐，其后400年间，在本寺安居。

“同样的问题，我想再次质询于你，开悟之人是否已经超越因缘轮回呢？”

禅师答道：

“即便是开悟之人，也不能脱离因缘世界。然而，开悟之人，深谙因果世界之理。深谙因果、因缘世界之理，才能称得上大彻大悟。”

“原来如此。我正因为回答，开悟之人已然从因缘世界解脱，获得自由，才变为野狐，苟且偷生400年。听得禅师一席话，豁然开朗。固然不能脱离因缘世界，但只要深切理解因缘之根本，便得开悟。”

老僧继续说道：“谜团已解，我化作野狐的400年寿命今日终结。本寺后山会发现死去的野狐，请将其安葬。”说罢，老僧飘然离去。

不一会儿，禅师召集行脚僧，通知将做法事。众僧不知为谁做法事，也并未听闻有人死去，所以个个都面露惊讶之色，聚集到后山。

禅师将土掘开，一只死去的野狐赫然在目。众行脚僧震惊之余，将野狐火葬，第二天清晨，依照圆寂僧人的仪式，唱经并进行安葬。

如此，变为野狐的老僧终于从轮回中解脱，这就是《无门关》第二则“百丈野狐”。

感恩之念生慈悲、利他之心

经营上重要的第三大力量是，获得伟大的宇宙之力、自然之力。

若要成事，须得天助。为此，经营者积德行善，获得宇宙的助力，命运便趋于平稳顺畅。

那么，所谓“积德行善”，究竟何意？概而言之，即“利他”。一颗美好的爱心，与人为善，助人为乐，体恤关爱，以及佛教所谓“慈悲为怀”。

常存“感恩之心”，才会有一颗与人为善、慈悲为怀的美好爱心。感恩，即对自身所处的幸福心怀感激，那么，自然而然会去关爱他人、善待他人。

对天地万物的感激之情，源于美好的爱心，是善念；而善念，无需赘言，终究归根于感恩之心、体恤之意。

那么，何为恶念？是“利他”的对立面——“利己”。自私自利的贪婪，是恶心、恶念。

秉持一颗感恩之心，常存“利他”之

念，这样的人，必会为上天所眷顾；另一方面，自私自利，执迷不悟，其所作所为无异于作茧自缚。

智慧抑制烦恼

一直以来，我向诸位强调，必须心怀感恩，与人为善，慈悲为怀。成就这样的杰出心灵，并非易事。

凡夫俗子，肉眼凡胎，每个人都有自然赋予的本能。在这些本能中，最强大的本能就是释迦牟尼佛祖所谓的“烦恼”。

诸多烦恼之中，最厉害的莫过

于称为“三毒”的三大烦恼。

其一，“贪”——贪婪的欲望。

其二，“嗔”——自作主张，容易动怒。

其三，“痴”——不满，抱怨，发牢骚；羡慕，嫉妒与怨恨。他人春风得意的时候心生艳羡，甚至猜忌。这些恶念都是“痴”。

贪、嗔、痴，本属天性，是人类肉体本能的三种需求。如果丧失这些需求，人类无法生存。

欲望消退，会连进食都变得困难；大敌当前时，又必须激发出“好胜心”这种烦恼。诸如此类，都是赖以生存的动力。

然而，我们心中有智慧，能够理性地控制自己的本能与烦恼。否则，日常生活中岂不遍地都是贪得无厌、怒发冲冠和怨天尤人之徒？

所谓本能，并非缜密思考后作出判断，而是条件反射一般的反应——条件反射般地怒火上升，条件反射般地冒出“可别吃亏”的贪欲。

这种本能并非头脑指挥行动，而是如同条件反射一般瞬间闪现。想要什么东西，想吃什么食物，无需经过大脑思考，而是条件反射一般地表现出来。

正是这些条件反射，支配着我们日常生活中的一举一动。这就是人的本能“烦恼”。

没有本能和烦恼，人类将无法生存。然而，倘若过分强烈，则会导致“利己”。合自己心意便万事大吉，这种“利己”，亦属“恶念”。

因此，无论如何，必须抑制“烦恼”，生出“利他”之心。

“别那么贪婪，怎么可能凡事以自己为中心？纵观人世间，有商业竞争对手，也有自己的员工、伙伴。各式各样的人，大家共同为幸福而奋斗，如何？”必须从思想根源出发，催生智慧，抑制本能。

烦恼因本能而生，所以我们必须秉持感恩之心，并贯彻于日常的言行举止之中，与人为善，慈悲为怀，从而断除无谓的烦恼。

唯有从思想根源出发，运用智慧，教导自己。倘若听之任之，依本能生活，必定烦恼丛生。因此，我们必须谨言慎行，抑制利己之心，生出利他之心。

呵护心灵
庭院之美

长久以来，总听闻“人需要修身养性”之类的劝告。我也一直不断地提醒自己“不忘修行”，抑制利己心，生出利他心。

经过这番历练，会蜕变为“修养高深之人”“精进之人”或者“修行之人”。

我常常引用詹姆士·艾伦（詹

姆士·艾伦，1864年－1912年，英国著名作家，被誉为20世纪“人文科学领域的神秘者”“心灵导师”，他一生著作颇丰，包括《做个思想者》《从贫穷走向权力》《命运的主宰》等经典作品，被译为数十种文字，畅销全球，成为励志和个人奋斗的精神标本。——译者注）的这段话：

“人心如庭院。倘若不曾用心照料自己内心的庭院，荒草离离，生生不息，那么，杂草将永远清除不尽；倘若希望自己内心的庭院里长出奇花异草，就必须种下你所希望的珍稀花种，精心呵护。”

否则，任其自生自灭，心灵的庭院里一定会生出“烦恼”的杂草。一旦烦恼萌生，再难根除。

因此，将“烦恼”的杂草连根拔除，播撒下全新的利他心、向善心、慈悲心以及感恩之心。

而且，必须多加呵护，存利他之念。倘若疏于照料，不消多时，“烦恼”的杂草又会死灰复燃，精心播种的利他之心也会随之枯萎。

借用詹姆士·艾伦的名言，可以证实这一点。

因此，我们要时刻提醒自己，抑制利己心，生出利他心、感恩心，努力精心呵护自己内心的庭院。

自然之力的恩赐

坚持不懈的努力之后，你将会怎么样？答案是——人格会提升，与10年前、20年前截然不同。性格会改观，人品会改观，会成长为一个出类拔萃的人。

常常敦促自己调整心态，那么，性格会随之转变，人格也会随之转变。其结果，往小了说，与人相处得更好；往大了说，容貌都会换新颜。

常有人说，相由心生，心理活动从表情上反映出来。正是这个道理，如果悉心呵护心灵，那么，心灵改变，容貌自然而然会跟着改变。

我自己也有体验，年轻时可能还意识不到，年纪大了，连杀个虫子也不敢下手。

想必诸位，家中如果出现蟑螂，定会大喝一声，举起扫帚，迅速将其剿灭。最近，不止蟑螂，连夏天的蚊子，以前都逃不出我的掌心，现在却下不去手了。

看到蚊子吸血，说一句“喂，说你呢，

上一边去吧！”（笑）我自己也不明白是怎么回事。

我家周边自然环境很好，常有大黄蜂在飞。花匠说这种黄蜂非常危险，必须立即驱赶。而我呢，就算它嗡一声飞过来也不当回事，不会躲避。但这么一来，黄蜂却也并不加害于我。

某年夏天，我打算去参加庆典，傍晚时分，骤雨袭来，把我堵在了家里。虽说如此，只见从柏油路缝隙里伸出来的小草，焦渴了一个星期，前一刻还在烈日的曝晒下垂头丧气，倏忽之间，大雨从天而降，甚至能听到杂草丛中一片欢腾喜悦。

这场雨，造成了我的出行不便，对小草却是喜讯——“哎呀呀，下雨啦，太好啦！”说真的，雨来得太不凑巧，而我却听见自然界的植物发出了欣喜之声，于是，也情不自禁地想：“哎呀呀，下雨啦，太好啦！”

原本是一个不顺心的时刻，却有了这般的收获。

如果常常提醒自己，抑制利己心，生出利他心，那么，人的品格会改观，人性也会提升。同时，连昆虫等自然界之物，都不会来侵害了。

从宏观角度来说，这是赢得了浩瀚宇宙的助力。并非什么超能力、超自然现象，只是运势转好而已。

常言道，山穷水尽，才得柳暗花明。很多时候，并非个人力量去推动，却是无心插柳柳成荫。

换言之，经营者必须将伟大的宇宙之力为我所用，这也属于第二大力——“他力”。

为命运所眷顾，而这种眷顾又可以通过自身的努力达成。不能单纯归结于“运气好”，而是有一颗美好的心灵，必然会得到命运的垂青。

经营目标——自利利他

经营力中最重点的一点是经营者自身必须具备“自力”。

第二点，发掘优秀的合作者，得到对方协助。同时，员工协同一致，共同奋斗——赢得“他力”。

第三点，也是“他力”，宇宙、自然之力的恩赐。

三力缺一不可，否则不可能成

为卓越的经营者，更不会有杰出的经营。

我一直强调，善因生善果，恶因生恶果，但今天我第一次提到，这么做，用意在于召唤上天的眷顾，赢得各方力量的支持。

虽然道理已经一清二楚，但在资本主义社会，常会有人产生这样的疑问——“以利他之心来经营是否可行？”通常认为，开展经营需要的是单枪匹马的个人英雄主义、利己主义，其实绝非如此。

佛教中有“自利利他”一词——若想利己，必先利于他人。不与他人为善，也难以获取自己的利益。所以，制订工作计划的时候，有些人一味以自己谋利为出发点，而另一些人却截然相反，秉持“息息相关的所有人都能生活幸福”的信念，筹划事业蓝图，那么，局面会截然不同。

以“我为人人”之心，制定周密的事业规划，工作才会顺利开展。只顾自己赚钱，无论花多少力气，计划多么天衣无缝，都会因为侵害了他人而难以推进。

所以说，即便在资本主义社会，“利他”也至关重要。我再次对诸位强调这一点，并以此结束今天的谈话。最后，衷心感谢诸位的聆听！

活法的真髓

2

稻盛和夫箴言集

11

箴言集刊载于“稻盛开讲”系列以下分册中。

活法的真髓 1（1—10）刊载于《稻盛开讲 1：人为什么活

创立事业、经营企业必须提高利益，但所谓“利益”，终究只是一种结果。企业经营过程中，必须摆正心态，时刻谨记，事业的根本是“为世人，行大义，尽本分”。

《敬天爱人》

12

经营策略必须符合世间通行的道理或者说“法则”。倘若违背正常的伦理道德，绝对不可能行得通。

《敬天爱人》

13

“销售最大化、费用最小化”，这一原则可谓是经营的“真言”，超越了世间的常识。一般而言，企业会基于“本行业的一般利润率”等心照不宣的常识来经营。然而，倘若从“销售最大化、费用最小化”这一原则出发，可以无限量地增加销量，同时尽可能地节约开支，其结果，利润会随之无限量地增长。

《阿米巴经营》

14

发展新事业，需要开拓思路，冲破束缚，自由畅想。而这一点，传统观念根深蒂固的专业人士无能为力，恰恰是跨界人士才擅长。

《向日本进言》

15

商业销售的秘诀在于，识透“顾客乐于接受并欣然购买”的最高价格，以这一价格进行销售。定价是决定企业生死存亡的重大决策，最终由经营者一锤定音。正所谓“定价即经营”。

《稻盛和夫的实学：创造高收益》

16

真枪实弹，征战商场！即便游刃有余之时，也必须保持危机感，随时行动。这一点至关重要，是企业稳固经营的秘诀。

《活法贰：追求成功的热情》

17

企业必须实现可持续发展。为员工谋求物质与精神两方面的幸福，前提是提高收益率，增加手头的现金量，强化财务素质。在这一意义上，提高收益率成为繁荣社会的必要条件。

《阿米巴经营》

18

当每个人都具备了责任感和使命感，员工就会自发地投身于工作之中。所谓高收益经营，即员工积极参与经营，向着目标，团结一心，意气风发，共同奋斗。

《稻盛和夫的实学：创造高收益》

19

“方向一致”是成败的关键。兴趣相投的人组成俱乐部或社交团体时，各自理念求同存异，正是组织的活力之源。然而，企业不同于此，肩负使命，必须全员建立共同的价值观。

《活法贰：追求成功的热情》

20

人心多变，然而，一旦团结一心，那将是世上最坚不可摧之物。历史上依靠人心创造伟大成就的例子，不胜枚举。统率企业，成败在于人心。

《阿米巴经营》

编者按

京瓷及KDDI的创始人稻盛和夫先生，作为聚拢年轻企业家的盛和塾的塾长，为培养并提携经济界的新生力量倾注了毕生心血，通过盛和塾的历届活动，亲口传授其独树一帜的人生哲学与经营理念。

与此同时，作为经济、政治以及文化等众多领域的舆论领袖，稻盛先生的言谈常常备受瞩目。

稻盛先生的演讲字字珠玑，惜有幸亲临现场聆听者甚为有限。此次整理演讲原文，悉数结集出版，并将CD随书一同发售，望能惠及更多人士。

本系列丛书，若果真能为诸位的人生助一臂之力，成就辉煌未来，那真可谓是荣幸之至！

本书将1992年11月17日稻盛先生在盛和塾新潟例会上的演讲整理成文，DCD中收录其演讲原音。会议现场录制，音质可能会有不尽人意之处，望能予以谅解。

本书DCD与KCCS管理咨询株式会社

所发售的《稻盛和夫经营讲话CD系列》第7卷《远大志向与努力》内容相同。本书根据演讲录音整理，为阅读之便，稍作改动与编辑。

目录

自序 “六项精进”创造美好人生

近来，经济环境每况愈下。日本自不必说，就连世界经济形势也日益严峻。企业的经营环境在今后恐怕会进一步恶化，对此我忧心忡忡。

回首往昔，在这25年间，我在盛和塾与学员们所分享的，都是我通过经营企业而获得的经验和体会。我一直在与大家面对面地讲述我自己的一些心得体会。

鉴于如今严酷的现实状况，我觉得应该把我曾经讲过的一些内容，借着这个机会再讲一次。虽然有些内容是我一直在重复强调的，但我还是想把自己在经营实践中的所想所感，我认为必须做到的各方面内容，在这里与大家再次分享。

在我年轻时、还没有提炼出“经营十二条”[1]的理论系统之前，我曾经讲过有关“六项精进”的内容，如果想出色地经营企业以及度过美好的人生，那么这“六项精进”必不可少。

我认为，无论是维持企业的经营，还是

度过美好的人生，“六项精进”都是需要恪守的基本条件。

我相信，各位只要遵循我接下来要讲的“六项精进”，并坚持每天付诸实践，那么各位的人生就会变得美好，甚至好得超出自身的能力范围。事实上，我自己就是一个实践“六项精进”的活生生的例子。

如果想自己一生美好、一生幸福、一生平安，如果想让企业茁壮成长、员工喜悦、经营出色，那么忠实恪守“六项精进”则很关键。

出色地经营企业，幸福地度过人生，这绝非难事。我认为，只要恪守这“六项精进”，你的理想不但不难实现，反而可以说是水到渠成。

注：

经营十二条

（一）明确事业的目的与意义

（二）设立具体的目标

（三）胸怀强烈的愿望

（四）付出不亚于任何人的努力

（五）销售最大化、经费最小化

（六）定价即经营

（七）经营取决于坚强的意志

（八）燃烧的斗魂

（九）拿出勇气做事

（十）不断从事创造性的工作

（十一）以关怀之心，诚实处事待人

（十二）保持乐观向上，心怀梦想希望

付出不亚于任何人的努力

之，“每天拼命努力工作”是重中之重。并且，每天认真工作也是度过幸福、美好人生的先决条件。

也就是说，不管是想度过美好的人生，还是想出色地经营企业，都应该做到“付出不亚于任何人的努力”，拼命努力工作。如果做不到这点，那么就企业经营的成功也好，自己人生的成功也好，都无从谈起。

如果对待工作抱着好逸恶劳的态度，总想让自己轻松一点，那么不用指望经营企业能够获得成功，就连美好的人生也只能是泡影了。

说得极端一点，身为企业家，只要拼命努力地工作，那么企业的经营势必会顺风顺水。今后的经济形势或许会非常严峻，但不管经济多么低迷，也不管我们处在怎样的时代，我相信，只要能够做到拼命努力工作，就完全能够渡过这些难关。

许多人认为，要想把企业经营好，最重要的是制定“经营战略”或“经营战术”。但事实上，只有“拼命努力工作”才是成功的唯一途径。

回想过去，我27岁时，在合伙人的帮助下，创立了京瓷公司，我就这样走上了企业

家的道路。可当时的我对于经营企业简直是一窍不通，只是满脑子想着“不能让公司倒闭，不能给帮助我创业的人们添麻烦”，于是我拼命努力地工作。每天从清早工作到晚上十二点多，半夜一两点下班是家常便饭。我就是这样日复一日地坚持，日积月累地努力。

2009年，京瓷公司迎来了创立50周年。回想起来，在我创业以来的50年间，我一直在坚持努力工作。可以说，京瓷之所以能有今天的成就，完全是企业员工上下一心、努力工作的结果。从发生在我身上的这个活生生的例子来看，大家也能够明白“拼命努力

工作”的确是取得成功的不二法门。任何经营的诀窍都比不上“拼命努力工作”的效果。

这个道理不仅适用于企业家。学者也好，艺术家也好，凡是取得伟大成就的人，都是坚持奋斗、拼命努力之人。

讲到这里，我想到了我的舅舅和舅妈。第二次世界大战结束后，他们从“伪满洲国”身无分文地回到鹿儿岛后，就当起了卖菜的小贩。

舅舅的文化水平并不高，只是战前旧制小学的毕业生而已，回到鹿儿岛后，他每天去批发蔬菜，然后拉着装满蔬菜的大板车叫

卖。当时亲戚中的有些人会背地里尖酸刻薄地说:“那家伙一没文凭二没水平，所以即便是大热天，也只能拉着大板车，汗流浃背地当小商贩。”话语中透着几分轻蔑与不屑。

身材矮小的舅舅每天把蔬菜堆到比他个头高得多的大板车上，然后拉着它到处叫卖。无论寒暑，天天如此。这一幕在我幼小的心中留下了很深刻的印象。

现在回想起来，那时候的舅舅肯定不懂什么企业经营、销售技巧、财务会计之类。但他就是凭着拼命努力工作的这股劲儿，从小小的菜贩子做起，最终成了一家大蔬菜店

的老板，而且一直到晚年，他都把生意打理得很不错。

舅舅的经历让我从小就明白了一个道理——一个人即便没有什么学识，但只要能够默默地拼命努力工作，就能够取得优秀的成绩。

大自然的动植物
都在拼命努力地活着

我之所以强调对待工作要有“拼命努力”的态度，是因为在自然界，“拼命努力”的生活态度是所有生物生存的前提。

人总是这样，一旦赚了点钱，一旦自己的公司发展顺利，就会好逸恶劳、心生歪念，而自然界是绝对不存在这种情况的。自然界的动

植物都在拼命努力地活着，无一例外。

从这样的自然现象就能知道，极度认真地过好每一天，拼命努力地工作，这对我们人类而言，也是应尽的本分。

即便在夏日烈阳的炙烤下，柏油路面的缝隙中还是会有杂草发芽。在持续的高温日照下，这样的杂草恐怕活不过一周就会枯萎。但就是在这种水分和土壤都不充足的恶劣环境下，杂草还是在发芽生长。

在自然界，即便是在非常严酷的环境中，仍然会有植物播种、发芽、抽叶，竭尽全力地进行光合作用（碳酸同化作用），然

后开花结果，结束惊鸿般短暂的一生。我们经常能够目睹这种现象，譬如杂草在石墙缝隙中发芽、开花。

我曾经看过一档电视节目，其讲述的是沙漠中的植物。节目里说，即便在环境严酷、黄沙滚烫的沙漠中，一年中也会下几次雨。每次雨后，沙漠中有的植物就会立即发芽、抽叶、开花结果，在短短的数周后枯萎凋零。这些植物平时潜伏在沙漠中，竭尽全力地努力存活。等到些许甘霖降临时，为了留下“子孙”，它们开花结果，然后让果实落至地表。

通过这种方式，播下的种子就能在来年再次降雨时发芽。这些植物就是这样，在短短数周的时间内竭尽全力地绽放生命，然后离开这个世界。

植物也好，动物也好，都是在严酷的条件下努力求生存。在自然界，没有任何一种生物活得“随意而懒散”。本着遵循自然界的生存法则，人类作为地球生物的一员，也应该认真、努力地度过每一天。我认为这是大自然对所有生物的基本要求。

在我刚开始创业时，还不知道这种自然界的常理。当时的我只知道“如果不努力，

公司的经营就会出现问题”。我抱着这样的“敬畏之心”，拼命努力地工作。生性胆怯的我，以这样的“敬畏之心”一路打拼过来。如今回想起这段岁月，我认为自己做得很正确。

直到现在，我都没有动摇过这样的信念，那就是“不管经济形势有多低迷，不管经营环境有多恶劣，无论作为一个企业家，还是作为一个普通人，付出比别人多一倍的努力，是成功所必需的基本条件”。

有一个问题，我曾经问过各种各样的人，那就是“你是否在努力工作”，可我得

到的回答往往是“是的，我在努力工作”。我察觉到这种提问方式没有意义。所以现在我会这样问——“你是否有在付出不亚于任何人的努力？”“你的工作热情是否不输给任何人？”

即便你说自己在努力工作，但如果这个“努力”的标准是你自己制定的，如果这个“努力”只是与你自身纵向比较的结果，那么这样的“努力”是不够的。如果不更加认真、更加拼命努力地工作，那么你所经营的企业也好，你自己的人生也好，都无法顺利发展。正是基于这样的意义，我才会提出

“付出不亚于任何人的努力”这条原则。

拼命工作，付出不亚于任何人的努力，这是全世界所有生物理所当然的应尽义务。我认为，包括人类在内，任何生物都无法逃避该义务。

只要喜欢上自己的工作，自己便“不以为苦”

拼命努力工作，其本身是一件很苦的事。为了能够每天坚持这样的“苦行”，需要让自己喜欢上所从事的工作。如果是自己喜欢的事，就能够做到“努力，努力，再努力”。

一个人如果爱上了自己所从事的工作，虽然旁人觉得“这么辛苦，这么拼命，很够呛吧”，但作为当事

人的自己却很清楚——由于精神的愉悦，这点苦完全不算什么。

我从年轻时起就抱有这样的想法，所以我努力让自己喜欢上所从事的工作。

在大学毕业后，我因为找不到工作，所以通过恩师介绍，进了一家制陶公司。可我原本就不太喜欢陶瓷行业，对制陶也没什么兴趣。而且在入职后，我发现“拖欠员工的工资”是那家公司的常态，因此我对该公司产生了不满。

可如果一味地抱着“心怀不满，满腹牢骚”的态度进行产品研发，那就绝对不可能

进展顺利，因此我决心让自己喜欢上这份工作。我明白，如果在工作时无法做到“乐在其中”，就无法全身心地投入研发。

当时的我情窦初开，对爱情产生了憧憬。也正好学到了一句谚语——“有情人相会，千里不过一里”。去和自己深爱的恋人相会，即便是千里的漫漫长路，走起来和一里的短途也没什么差别。不管多么疲惫，一想到要和心上人相见，即便是千里的路途，也能“等闲视之”“毅然前往”。这就是“有情人相会，千里不过一里”的含义。

这句谚语的确有道理，一旦产生了“喜

欢”的感情，那么不管多么辛苦，都能做到不以为苦。于是我努力让自己喜欢上自己的工作和研究课题。

如果你的工作正好是你的爱好，那当然皆大欢喜。但这种能把爱好当工作的幸运儿，可以说是极少数。绝大部分人之所以从事目前的工作，往往是为了生活。因此就需要努力让自己喜欢上所从事的工作。

先要努力培养自己对工作的感情，一旦真的喜欢上自己的工作，那接下来就水到渠成了。做到“付出不亚于任何人的努力”也不再是一件难事。虽然旁人在疑惑“那么起

早贪黑地打拼，不会把身体搞垮吗”，但自己却能够不以为苦、泰然自若地完成工作。

虽说“成功有诸多途径”，但如果没有“拼命努力工作”这个基础，那么成功就无从谈起。在如今经济形势低迷、且可能更加萧条的大环境下，我认为，企业如果想继续生存下去，“拼命努力工作”的态度尤其不可或缺。

创意来源于不断的努力钻研

如果在工作中能够做到每天认真投入，努力奋斗，那么势必就不会对工作漫不经心，虚度光阴。这样拼命努力，工作认真，还会产生另一个“效用”。

不管是谁，一旦喜欢上了自己的工作，一旦拼命努力工作，就势必会产生想提高自身工作质量的意

愿。于是便会养成积极思考的习惯，考虑一系列与工作相关的问题。比如“有没有更好的方法”“有没有能够进一步提高效率的方法”等等。

一边努力工作，一边思考提高工作质量与效率的方法，这等于是每天在坚持发挥自己的创意。凭着“明天比今天进步”“后天比明天进步”的劲头，以“主动自觉”的态度，不断钻研，积极开展工作。

于是，在这样全身心投入工作的过程中，由于努力钻研，勤于思考，便会想出优秀的创意，获得宝贵的启示。

我认为自己绝对算不上才智过人，但我的确每天都在努力工作，刻苦钻研，我不断思考如何进步，不断思考更好的工作方法，不断思考更好的推销方式以增加销量，不断思考更好的生产制造方法。

而这种“孜孜不倦”的认真态度，使得我和企业都取得了令人惊叹的进步，连我自己都感到不可思议。京瓷公司之所以能够开发出如此多的新产品，之所以能够开拓出如此广阔的新市场，都是不断钻研、发挥创意的结果。

反之，如果做不到“拼命努力工作”，

那么优秀的创意就不会出现。如果工作态度马马虎虎、吊儿郎当，那么即便绞尽脑汁地思考“有没有什么好办法”，精妙的构思也不会浮现。只有拼命努力、不辞辛劳，以“撞了南墙也不回头”的精神冥思苦想，才能牵动神灵的恻隐之心，让神灵赐予新的启示。对于这点，我坚信不疑。

以真挚、投入、专注的态度坚持努力，即便遭遇瓶颈、陷入僵局，也决不放弃，而是坚持努力思考。我相信，这样的精神能够感动上苍，即便是像我这种生性愚笨的人，神灵也会给予新的智慧、新的灵感以及新的

启示。

我认为，我之所以能够获得原本不可能得到的精妙创意和智慧，是我拼命努力工作的结果。

纵观世界上取得伟大发明的人、获得伟大发现的人、开发出新产品的人、开发出新技术的人，这些人都有个共同点，那就是“付出不亚于任何人的努力”。他们坚持钻研，发挥创意，从而获得了精妙绝伦的灵光闪现。反之，获得成功也好，取得伟大发明或获得伟大发现也好，对于工作懒散的人，只能是天方夜谭。

从这点也能看出，如果能做到“以励精图治的态度付出不亚于任何人的努力”，那么不管对一个人的事业还是人生，都能产生非常大的积极影响。

勤奋专注工作是一种灵魂的修行

另外，还有一点很重要。

一个人如果从清早一直努力工作到深夜，那么他势必没有什么闲工夫。古人云“小人闲居为不善”，人只要一有空闲，就容易动歪念、做坏事。所以说，一个人如果忙于事业，拼命工作，也就意味着让自己没有时间去心生杂念。

禅宗的僧人及修验道的修验者（修验道是日本人把故有的山岳信仰与外来的佛教相结合而形成的宗教。修验道的实践者被称为“修验者”或“山伏”。——译者注）通过艰苦修行来磨砺自身的灵魂。他们“制心一处”，通过持续修行，让一切杂念妄念无法乘虚而入；他们去心垢染，磨砺心志，从而形成纯粹清净的人性及高尚美好的人格。

如果一个人能做到拼命努力工作，那么和上述的修行一样，他就没有闲暇去心生杂念妄念。也就是说，努力工作与磨砺灵魂息息相关。

我一直在向大家反复强调——“只要坚持磨砺灵魂，就会生出利他之心、行善之心、体谅他人的慈悲善良之心。如果一个人心存这样的善念，本着‘为世人为社会尽力’的心念实践善行，那么他的命运势必会朝着好的方向转变”。

即便只是一心专注于公司的工作，每日埋头苦干，也能起到磨砺自身灵魂、净化自身心灵的作用。只要心灵得到净化，那么“动善念，行善举”便是水到渠成的事。虽说“命运由天，不知祸福”，但这种从善的心念与行动确实具有能够改善命运的力量。

28年前，当时京瓷公司的规模远远不及现在。我承蒙企业界同仁的厚爱，应邀创办了盛和塾。从那时起，直至今日，我一直拼命努力工作，使京瓷公司和第二电电（即现在的KDDI公司）发展壮大，并坚持把其中的心得体会不断与大家交流分享。

不讲空泛的大道理，把经营企业的真才实学分享给大家。这是我作为盛和塾塾长的一贯原则。如果把我教给大家的最宝贵的知识用一句话浓缩概括的话，那就是“拼命努力工作”。

“六项精进”中的第一项——“付出不

亚于任何人的努力”，即“拼命努力工作”。不管是想经营企业，还是想度过美好的人生，这一项都是必不可少的。

谦虚戒骄

谦虚是一种幸福

“六项精进”的第二项是“谦虚戒骄”。

我认为，“谦虚”是人类人格形成过程中最为重要的天资。我们经常说“某某人具有高尚的人格”，当一个人的人性中具备谦虚的美德时，我们便会这样形容他。

我不仅仅希望已经取得成功的

人能够做到“不居功自傲，不得意忘形”，还希望所有企业家都能保持谦虚的美德。不管是处于中小微型企业的创业期，还是处于大型企业的收获期，这种谦虚的态度必须一以贯之。

我在年轻时，学到了中国古书上的一句名言警语——“唯谦受福”（这句话出自《了凡四训》，《了凡四训》是一本讲述修身治世方式的书。作者为明代袁黄，字坤仪，后改名了凡。该书融汇了儒释道三家思想和真善美的中华文化，一直为各界人士传诵。——译者注）。如果没有谦虚的美德，

就无法获得幸福；凡是能获得幸福的人，都必须具有谦虚的美德。受此教诲，当京瓷公司还只是一家中小企业时，我就非常重视培养自己谦虚的品格。

何况当自己所经营的公司业绩出众、发展壮大时，人往往会变得傲慢自大、得意扬扬。所以越是取得成功的时候，我越是提醒自己勿忘谦虚的美德。

“唯谦受福”是一句非常重要的警语。我希望大家务必谨记于心，视为准则。

在很多人眼中，世上的成功者似乎都是“踩着别人往上爬”的“强硬派”，但事实

绝非如此。凡成功者，即便心怀热情和强烈的竞争意识，即便具有“燃烧的斗魂”，但其本性却是谦虚谨慎的。

谦虚的举止，谦虚的态度，这是人生在世非常重要的品格。然而，人一旦取得了成功或是拥有了地位，就往往会忘记谦虚的美德，容易变得傲慢。我认为，越是春风得意的人，“谦虚戒骄”的美德对其就越发重要。

天天反省

每日反省
能够净化灵魂

“六项精进”的第三项是“天天反省”。

当一天结束后，回顾当天自己的所作所为，并进行反省。这点非常重要。“今天有没有让别人感到不快；今天有没有对人态度冷淡；今天有没有表现出傲慢；今天有没有做出卑劣的举止；今天有没有自私自

利的言行……”需要像这样回顾自己一天内所做的事，以确认自己的言行举止是否符合“人间正道”。

如果自己的言行举止中存在需要反省的地方，那么不管是多么小的事，都必须改正。通过这种“日日三省吾身”的方式，也能够提升人格，磨炼灵魂。

通过天天反省来荡涤自身心灵和磨炼自身灵魂的行为，对于创造美好人生，也起着非常重要的作用。如果一个人能在每天拼命努力工作的同时，坚持做到天天反省，那么其灵魂就能获得净化，变得美好。

我在年轻时，偶尔也会傲慢自大，所以我把反省当成一种日常习惯，坚持至今。当然，我无法做到每天反省，一天不落，但我能做到“一旦察觉自身错误，就立刻反省”。

耕耘、整理“心灵庭园”是关键

在20世纪初，有一位声名远扬的英国哲学家，他叫詹姆士·艾伦（詹姆士·艾伦，1864年—1912年，英国著名作家，被誉为20世纪“人文科学领域的神秘者”“心灵导师”，他一生著作颇丰，包括《做个思想者》《从贫穷走向权力》《命运的主宰》《感悟人生的困难》《冲破

尘世的喧嚣》等经典作品，被译为数十种文字，畅销全球，成为励志和个人奋斗的精神标本。——译者注)。而直到我上了年纪后，才机缘巧合地拜读了他的著作《原因与结果法则》(Sunmark 出版社出版)。通过这本书，我对反省有了新的认识。我意识到，反省是一种耕耘、整理自身“心灵庭园”的行为。接下来，我向大家介绍一下书中的部分内容。

我们可以把人的心灵比作一个庭园，你可以聪明地去耕耘它，也可以放任不管。但无论如何，它里面都一定会生长些什么。如

果你播下花草的种子，它就会长出美丽的花草；如果你什么也不做，那么杂草的种子最终会落在里面，导致庭园杂草丛生。

如果你不在自己的心灵庭园内播下美丽的花草种子，那么庭园就会杂草疯长，荒废破落。换言之，如果一个人不反省，那么其心灵就会沦为长满杂草的荒芜庭园。这就是詹姆士·艾伦想要表达的意思。接下来，他在书中还这样写道：

就像优秀的园艺家会耕耘庭园、除去杂草、种植美丽的花草一样，我们如果想度过美好的人生，那也要打理自己的心灵庭园。

要清除那些不纯洁的、错误的思想，并努力培养那些纯洁的、正确的思想。

优秀的园艺家会耕耘庭园，除去杂草。与此相同，我们也要耕耘自己的心灵庭园，通过天天反省来去除杂草，即必须消除自己的邪念，然后根植全新美好的思想。

换言之，我们必须反省邪念，然后在自己的心灵庭园里培养善念。詹姆士·艾伦把这样的行为比作“耕耘庭园”，我觉得这个比喻真是恰如其分。

詹姆士·艾伦在该书中还如此写道：

如果我们不断发展正确思想，那么就会

成长为品德高尚、思想崇高之人；如果我们不断发展错误思想，那么就会堕落为卑鄙低下、如同禽兽之人。

播种于我们心灵庭园（或者是我们允许其生根发芽）的所有“思想的种子”，都只会生长出与自身同类的东西。它们早晚会开花结果，从而影响我们自身的行为，最终改变我们所处的环境。如果我们的思想是健康有益的，那我们将收获喜悦；如果我们的思想是邪恶无知的，那我们将承受痛苦。

倘若心存善念，则结善果；倘若心存恶念，则结恶果。这便是詹姆士·艾伦想要

表达的意思。

因此，詹姆士·艾伦忠告大家，“必须认真打理自己的心灵庭园，要拔除杂草，种植自己想要的美丽花草，勤于浇水和施肥”。

而这一系列的行为，正是反省。所以说，反省不但能磨炼自己的灵魂，还能给自己带来美好的幸福。

抑制自身的邪念，发扬自身的善念

抑制自身的邪念与小我，让自己心中的善根发芽成长，这样的过程就叫作“反省”。而所谓善念，即人心中的“真我”，也就是“利他之心”，它是一种慈悲待人、以他人利益为重的善良之心、体谅之心。与其相对，所谓“自我”，是只关注自身利益的“利己之心”，是寡廉鲜耻

的强烈欲望。

回顾自己度过的这一天，想想今天自己在哪些地方显露了“自我”，然后努力抑制，并进一步发扬自己的“真我”即“利他之心”。这样的过程便是“反省”。

我非常喜欢印度诗人、哲学家泰戈尔的一首诗。关于这首诗，我在以前的演讲中提到过很多次。今天借此机会，想再和大家分享一下。

在人的心中，同时存在着充满邪念、贪欲及利己之心的自己与充满善念、慈悲、关怀及利他之心的自己。换言之，人性分两

面，一面贪婪卑贱，一面崇高美丽。对于这点，泰戈尔以这样的精彩诗句来描述：

我只身来到神面前。

可是，那里已经站着另一个我。

那个暗黑中的我，究竟是谁呢？

为了避开他，

我躲入岔路，

却无法摆脱。

他在大路上大摇大摆地迈步，

地面随之卷起沙尘，

我谦恭地低声私语，

他傲慢地大声复述。

他是心中卑贱的小我，

他是自私自利的自我。

主啊，他不知羞耻。

而我却羞愧难当。

伴随这卑贱的小我，

我来到了您的门前。

我具备“真我”的优良品质，包括善良和美丽的心灵、为他人着想的美德，可卑贱贪婪、自私自利的“另一个我”却也如影随形。“他”不知廉耻，而“我”则谦恭

地活着。当欲望产生时，“我”只是窃窃私语——“那件东西，有点儿想要呢！”；可到了“他”的嘴里，却变成了大声叫嚷——“把那个给我！”

寡廉鲜耻、贪婪自私的“另一个我”，一直伴随着“我”。想摆脱“他”，他却一直如影随形。因为卑贱的“他”和“我”一样，同时存在于我的心中。

正因为如此，我们需要天天反省。通过反省，对邪恶、贪婪、卑贱的“自我”给予“当头棒喝”——“给我安分一点”“给我知足一点！”从而对其进行抑制。这么做很有

必要，因为通过这种方法，能够磨炼灵魂、荡涤心灵。

我常说，提升心性和拓展经营之间是齐头并进、相辅相成的关系。企业家如果想拓展自己的事业，那么必须让自己的心性得到提升。

也就是说，企业家如果不磨炼自己的心，就无法出色地经营企业。这是我一直所强调的，希望大家能够重新认识这个道理，并将其付诸实践。

怀敬畏之心

活着就要感谢

感谢的言语能让自己和他人都心平气和

“六项精进”的第四项是“活着就要感谢”。

感谢是非常重要的。显然，任何一个人都无法单独在这个世界上生存。空气、水、粮食、家人和同事乃至整个社会，凭借着各式各样的周边条件和环境，人们才得以生存。甚至可以说，是这些条件和环

境维持着人们的生命。

这么一想，如果自己身体健康，那就应该自然地流露出感激之情。如果能心生感激，那么势必就能感受到人生的幸福所在。

感谢自己还活着，感谢上苍让自己活着。我相信，一颗学会感受幸福的心，能够使人生变得丰富多彩、幸福温暖。

不要心怀不满，而要感谢自己目前的生活和境界，然后以更高的目标拼命努力。为此，首先必须感谢神灵让自己活着，并对自己周围的一切说一声“谢谢”。要以这种感恩的态度来度过每一天。

然而，“满怀感恩之心”这句话，说起来容易做起来难。在我年轻时，我告诫自己“即便口是心非，也要坚持说‘谢谢’”。对自己反复念叨“谢谢”，即使不能做到发自真心，也肯定能起到放松情绪、保持乐观的作用。

更何况一句发自真心的“谢谢”，不仅仅是自己，就连周围听到的人都会变得心情舒畅，心平气和，从而营造出开心愉快的氛围。反之，如果一个人浑身散发出郁郁寡欢、愤愤不平的“负能量”，那么不仅限于自己，还会给周围的人带来不幸。

不管多么细微的小事，都要对其心怀感激。这是重于一切的首要大事。一句“谢谢”之中，蕴含着巨大的力量。

一句“谢谢”，能引导自己进入愉悦美好的心灵境界；与此同时，还能让周围听到的人感受到这股善意和温暖。真可谓是“能除一切苦”，真实不虚的“万能灵药”。而我人生一路走来，就一直在坚持说“谢谢”。

“隐蔽念佛”培育了我的感恩之心

我父亲出生在一个小村庄，他的一户亲戚住在村子边上人烟稀少的深山之中。那户亲戚笃信“隐蔽念佛”。

江户时代，由于萨摩藩对净土真宗的禁令及打压，虔诚的教徒便把佛坛和佛像藏在山里人家的壁橱等地方，以此来守护自己的信仰，

这便是“隐蔽念佛”的由来。

那还是在我升小学前，当时第二次世界大战尚未结束，父亲带我去参加“隐蔽念佛”。我们与江户时代的前人一样，手提灯笼，在黑漆漆的山路上步履蹒跚地朝着终点——深山中的一间破房子前行。进去一看，一位僧人在坐着诵经，在僧人的后面，五个小学生模样的孩子在双手合十地拜佛。

我也和那些孩子一起照着做，然后那位僧人对我父亲说：“你的孩子已经可以了。今天拜过后，就不用来了。”接着，僧人又回过头来教导我，他说：“小孩儿，从今

往后，你每天都要念诵‘南无、南无，谢谢！’向佛表示感谢。你一辈子都要坚持，不可忘记。”在鹿儿岛，“南无阿弥陀佛”常常被念成“南无”。

然后，那位僧人又回过头对父亲说：“如果这孩子能遵照我的指示去做，那他就能度过美好人生。”幼时参加“隐蔽念佛”的这一段经历，我至今仍历历在目。

而那位僧人对我的指示，我也遵守至今，我一直坚持说“谢谢”，从未间断。

虽说我现在已经遁入空门，获得了禅宗僧侣的身份，但禅宗既没有教我大乘佛教的

教义，也没让我念净土真宗的“南无阿弥陀佛”，但我每天早晚在家念诵禅宗经文时，最后一定会加一句“南无、南无，谢谢！”我现在依然保留着这样的习惯。

由于公司的业务需要，我从年轻时起就经常坐飞机去国外出差，也借机参观了不少基督教的教堂和伊斯兰教的清真寺等建筑。我对基督教和伊斯兰教的教义并不太了解，但我对天上唯一的神灵祈祷时，不管所在之处是基督教的教堂还是伊斯兰教的清真寺，我都一定会双手合十，念诵“南无、南无，谢谢！”

我认为，正因为自己一直常怀这份感恩之心，才有了如今的我，才有了如今的京瓷公司。

活着就要感谢

日语中的“谢谢”，原来的意思是“发生了难得的事”，也就是出现了“奇迹”。我能够创立像京瓷公司和第二电电这样伟大的公司，并使它们持续发展壮大。这正可谓是奇迹。

像我这样的平庸之辈，原本是不可能取得如此成就的。因此今天的这一切完全是感恩之心所激发的

奇迹。对此，我必须要用“谢谢！这是上天难得的恩赐”这样的言语来表达我的感激之情。

一句“谢谢”，能在你身边营造美好的氛围。

想必大家也都有过这种经历。在电车里，如果给老人让座，老人就会弯着腰对你说“谢谢”。这时，让座的人会感到心情愉快，就连在周围见证这一幕的旁观者都会感到心情舒畅。

善意会向周边辐射，并且周而复始地循环。如果这样的好人好事能一件接着一件地

发生，我相信，我们的社会就能变得更加地美好。

活着就要感谢。这点至关重要。

在表示感谢之意时，除了用“谢谢”一词之外，还可以用“不敢当”的说法。“不敢当”的原意是“我这样卑微的人居然如此幸运，真是不敢当”，即以谦恭的低姿态面对幸运的眷顾，进而表达“诚惶诚恐”的感恩之意。它与“谢谢”一样，都是一种感谢的表达方式。

另外还有一句古语，原本大概是武士阶层用语，叫“不胜惶恐”。最近人们几乎不

用了，它的含义是“像我这样的人，却获得如此好的待遇，得到如此好的东西，实在是“不胜惶恐”。

有人说，“不敢当”这句话反映了日本人感受力很强，所以应该在全世界宣传推广。“不敢当”对日本人而言，是一句表达感谢的用语。像我这样卑微的人居然碰上这等好事，真是“不敢当”，这句话体现了人心之美。

一句“谢谢”，能让自己心情舒畅，也能让周围听到的人获得“正能量”。

極度認真地
過好每一天

积善行、思利他

积善行能带来幸运

“六项精进”的第五项是“积善行、思利他”。

中国古书中有“积善之家必有余庆”的说法。意思是“一户平日积善行、思利他的人家，自然会有好的果报”。不仅是行善的本人，就连他的家庭乃至整个家族都会有好事发生。这是中国古代的先贤们所

主张的思想。

很早以前，我就一直对大家说"'因果报应法则'是确实存在的"。我在年轻时拜读了安冈正笃（安冈正笃，1898年—1983年，日本著名的汉学家、思想家、王阳明研究权威及管理教育家。——译者注）先生的著作《命运和立命》，给了我很大的启发与感悟。在该书中，安冈正笃先生论述道"这个世上存在着因果报应的法则，倘若一个人积累善行，他的人生就会获得好的果报"。

所以说，"利他行为"是关键，即以体谅之心和慈悲之心亲切、友好地待人。如果

能做到这点，那么势必会为你的人生带来幸运的。

如果践行善举，那命运就会朝着好的方向转变，工作事业也会进入良性发展的轨道。我坚信这点，因此在企业经营方面，我也一直在努力实践“行善”及“利他”。

我们应该以“愚顽老实”的精神积累善行，也就是应该为世人为社会努力实践利他。我认为，这正是让自己的人生及企业经营变得越来越好的唯一方法。

对待他人应行“大善”，而非施“小善”

有句老话叫“与人方便，自己方便”，意思是“为他人所做的善事，最终一定会回报到自己身上”。

可另一方面，我们也会听说不少这样的事情——明明亲切待人、帮助他人，可最后却倒了大霉。比如，有的人为了让朋友脱离困境，当了朋友的借款担保人，自以为做

了件好事，可结果由于连带责任而吃了大亏，损失了自己所有的财产。

还有的人禁不住请求拜托，把钱借给了陷入财务困境的朋友，可朋友迟迟不还，搞得自己非常烦恼。

所以有的人会说：“‘与人方便，自己方便’这句谚语说是乐善好施必有福报，但实际上并非如此。有时候你明明热心地帮助别人，换来的却是自己的不幸。”

但我认为，这样的想法是错误的。

我经常讲到，在经营企业时，有一个判断准则便是“大善”与“小善”。当朋友因

为缺钱而前来求助时，如果出于怜悯而借钱给他，表面上看是帮助了朋友，但其实是让花钱大手大脚的朋友变得愈加堕落。

债台高筑、周转不灵，这都是朋友平日花钱大手大脚、毫无计划性和责任感所酿成的恶果。如果仅仅是出于怜悯同情而把钱借给他，那等于是进一步助长了他不负责任、大手大脚的陋习。

这种行为正是维护朋友眼前利益的“小善”。这种对于朋友的“爱心”和“帮助”，会让朋友更加误入歧途。

俗话说“棒打出孝子，娇养忤逆儿”。

同样道理，“大善”之举会给人以“不近人情”的错觉。譬如，当朋友恳求道“借我钱吧”“当我的担保人吧”，应该向朋友问清楚他落入这般境况的原委，并认真调查真相。如果这完全是朋友行为不检或不负责任所导致的后果，那就应该毅然拒绝朋友借钱的请求，并教导朋友直面困境、奋发图强。这才是“大善”。

反之，如果唯唯诺诺地答应朋友的请求，又是借钱又是当担保人，结果把自己也牵连进去，使自身遭受不幸。这只能说是“小善”。

所以说，当别人遇到困难时，不是单纯地伸出援手就可以了，而是要做出判断。问题的关键在于“是做出‘小善’的判断，还是做出‘大善’的判断”，即“提供什么方式的帮助”。

这样看来，“与人方便，自己方便”这句话还是没错的。我相信，“为人行善”这件事，从原则上来说是绝对正确的。

说到被人借钱，我也有类似的经历。我的父亲有一位恩人，在第二次世界大战那个兵荒马乱的年代，我父亲很受他的照顾。当京瓷公司处于从中小企业向骨干企业转变的

成长期时，那位恩人的公子曾经赶到京都来拜访我，他对我说：“我现在处境非常困难，借我点儿钱吧。”

当我得知那位公子的父亲是我父亲的恩人后，就把钱借给了他。

可是，他既没有留借据，也没有说明偿还计划，而我通过观察，也知道他是个不太负责的人。所以我虽然嘴上对他说“这笔钱借给你”，但其实我早就做好了白给他的准备。打一开始，我就不指望他会还钱，所以我一次都没有去催过债。而他也杳无音讯，对于欠钱不还的行为，连一个表示歉意的电

话都没打来过。不过因为我一开始就没打算要他还钱，所以对此没有丝毫烦恼。

从以前到现在，向我提出过借钱请求的人有很多。这其中，凡是我答应借的，其实我都是做好了白给的打算。至于以“对方日后偿还”为前提的借款行为，我一次都没有过。正因为如此，我从来没有那种“明明做了好事，却被对方背叛了”的体验。

而“为了对方着想，故意不答应借钱”的事情，我倒是做过。有一次，我公司一名员工的父亲陷入困境，他们父子俩深夜拜访我的住处。当时，我在认真聆听了事情原委

后，断然拒绝了他们的借款请求。

我对那位员工的父亲说：“如果我借钱给您，并不能真正对您有所帮助。虽然我难以体会您目前的艰难处境，但恕我还是不能答应借钱。您必须直面当前的困境，咬牙挺过去。”

当时我自己也觉得“这样拒绝他们，实在有点太冷漠了”。不过事实证明，我当时的决定是正确的。当时与那位父亲一起上门拜访的儿子、也就是我的那名员工，如今已经是京瓷公司的干部，在岗位上大显身手。而他的父亲后来也脱离困境，精神饱满，听

说他父亲很感谢我当时所说的那番话。

如果大家想让自己的人生精彩而美好，如果想让自己的企业蒸蒸日上、长足发展，那么请真正努力做到“积善行、思利他”。

不要有感性的烦恼

在反省之后，要忘记曾经的失败

“六项精进”的最后一项，是“不要有感性的烦恼”。

在我年轻时，曾经有着各种各样的烦恼，因此我深感“不要有感性的烦恼”这种思维方式的重要。

人生在世，操心、失败等烦恼是家常便饭。但正所谓“覆水难收”，既然失败已成定局，那么不管

怎么悔恨、怎么烦恼，都是毫无意义的。

如果一直耿耿于怀、愤愤不平，那只会引起心理疾病，乃至成为肉体疾病的病灶，从而使自己的人生陷入不幸之中。因此我们不要为了已经发生的事烦恼不已，而应该重新振作，拥抱新的思想，付诸新的行动。这点非常重要。

对于已经过去的事情，要进行深刻反省。但不要在感情及感性的层面上反复纠结，增加心理负担。应该理性地思考各种问题，迅速把自己的注意力转移到新思维和新行动中去。我相信，一个人通过这样的处事

方式，能够让自己的人生变得更加精彩。

我们常常会因为工作上的失败而担心忧虑，可即便再怎么担心忧虑，失败已是既成事实，不可能推倒重来。脑子里明明知道悔恨和烦恼是无济于事的，可还是忍不住反复想:“当时如果那个环节顺利的话……”于是心头的愁云就这样挥之不去。

我之所以讲“不要有感性的烦恼”，就是为了让大家停止这种增加自身心理负担的无谓之举。所谓“事已至此，无可奈何”。应该坦然地接受现实，全身心地投入到新的工作中。

禅师的一句话
拯救了逆境之中的我

二十几年前，有一件发生在我身上的事，让我对这个道理有了深入的体会和理解。当时，京瓷公司由于生产制造精制陶瓷材质的人工膝关节而遭到媒体的“围攻”。

人类的细胞会对金属产生排异反应，但却能够在陶瓷表面生长。换言之，陶瓷与人体组织具有良好

自己的家人、亲戚、朋友，乃至自己的公司和整个社会，也不要一直耿耿于怀，烦恼痛苦，应该在反省之后鼓起勇气，投入到新的工作中去。这点很重要。

人之所以会碰到各种倒霉事，是过去自己所犯下的罪孽、也就是业障所招致的结果。当下所受的责难非议，是业障在现世的显现。

因此，我们必须反省，并做到下不为例，但没有必要一直耿耿于怀，忧愁烦扰。不仅如此，我们反而应该激励心力交瘁、垂头丧气的自己，让自己重新振作起来。这点很重要。

不管自己的名誉遭到了多大的损害，都要鼓起勇气直面现实，并重新振作起来。即便发生了非常大的丑闻，导致自己无颜面对

比如，被卷入某起丑闻，受到道德及法律的追究，本人自不必说，还给自己的亲兄弟及周围的人增添了很大的麻烦。就算遭遇了如此大的挫折与失败，在充分反省事情的起因，在心中发誓今后永不再犯之后，就应该调整心态，努力打拼，而不要再对此事纠结了。

有的人因为丑闻而名誉受损后，心中的烦恼挥之不去，使得身心交瘁，最后走上了自杀的绝路。我奉劝大家在遇到类似的失败或挫折时，不要一直耿耿于怀，自寻烦恼，最终导致情绪抑郁。

的亲和性。得益于陶瓷的这种特性，加上日本医学界的各位专家的指导帮助，京瓷公司成功制造出了人造骨骼。

最初研发的是用于牙科治疗的假体植入物，京瓷公司的技术人员与相关领域的专家共同研究，最终成功地把人造牙根运用于实际治疗中。之后又开发出了摩擦系数较低的人工股关节，给因为腰关节损伤而无法步行的人们带来了福音。

当时的厚生省（厚生省是原日本政府部门之一，在2001年与劳动省合并，改组为厚生劳动省。厚生劳动省是日本负责医疗卫

生和社会保障的主要部门。——译者注）对京瓷公司颁发了生产销售股关节的许可证后，产品一经上市，便立刻受到了许多医生的高度评价。他们希望京瓷公司接下来能制造人工膝关节。

然而，如果没有得到厚生省的许可，即便制造出了人工膝关节，也是不能上市销售的。需要进行临床试验，并把相关数据提交给厚生省。可当时的医生们说："陶瓷材质的人工股关节已经获得了非常好的临床效果，受益的病例就有好几百例，所以用陶瓷做人工膝关节是没有问题的。我们这些医生

会负责的，为了许许多多受病痛困扰的患者们，希望你们京瓷公司能尽快制造出人工膝关节。”

如此殷切的恳求打动了我们公司的技术人员，于是他们开始了人工膝关节的制造与供货。

与人工股关节一样，膝关节也取得了非常好的临床效果。面对日益增长的需求量，我们公司努力加紧生产，可突然有一天，一篇新闻稿引起了轩然大波。

报纸和杂志等媒体纷纷大肆报道，“京瓷公司在未经厚生省许可的情况下，擅自销

售精制陶瓷材质的膝关节而敛财，在人命关天的医疗领域，居然为了生意而销售未经有关部门认证的产品，真是一家黑心企业”。

这起事件所导致的影响，绝非仅仅是我个人名誉受损这么简单，京瓷公司在媒体连日的口诛笔伐之下，成了一家“以病人为诱饵，大发横财”的企业，公司的整体形象大幅受损。我本人一次次地去厚生省说明情况和检讨道歉。而各媒体每次都会在场，架着一排排摄像机，拍我低头道歉的样子，在电视上连续播放了几天。这让我羞于面对自己的家人、公司的同事和街坊邻居。我的信用

和名誉遭受了巨大的损害。

当时我坐立不安，内心非常痛苦。为了寻求慰藉和帮助，我去拜访了临济宗妙心寺派圆福寺的西片担雪禅师。如今西片担雪禅师已经不在，他在两年前已经圆寂。

见到西片担雪禅师后，我一边喝着他泡的抹茶，一边向他诉苦。

在听完了我的倾诉后，他说："稻盛君，你之所以能感受到这样的烦恼和痛苦，正是因为你活着。人如果死了，那么就连烦恼和痛苦都感受不到了。你的烦恼和痛苦，正是你活着的证明，难道不是件好事吗？"

确实，人既然活着，那势必要承受烦恼和痛苦。我所尊敬的禅师既然都这么说了，那就应该是这么个道理吧。但禅师或许是从我的表情察觉到了我的心境——在我的内心深处，并没有完全释怀。于是他又对我说：

“稻盛君，我不知道你过去犯了怎样的罪孽，但一个人积累的业障，会以灾难的形式在我们所能感知的主观世界显现。你之所以会倒霉，是你在过去所犯的罪孽、也就是业障所造成的结果。而随着灾难的发生，相应的业障也就抵消了。”

“如果你遭遇的灾难夺走了你的性命，

那么你的今生也就落下帷幕了。可看看你自己，稻盛君，你身体健康，精神抖擞，京瓷公司也依然是一家欣欣向荣的优秀企业。虽然由于人工膝关节的问题，大家对你及你们公司的批判甚嚣尘上，使你烦恼痛苦，感觉无地自容。但这种程度的灾难就把你过去的罪孽抵消了，稻盛君，你应该煮红小豆饭（红小豆饭是指把煮过的红小豆连豆带汤拌在糯米里蒸制而成，一般有喜庆事儿的时候，日本人才会吃红小豆饭。——译者注）、摆酒宴庆祝才对啊。"

起初，我对禅师的这番话难以接受——

我是如此地烦恼痛苦，可他却说出这么“没心没肺”的话，但在回到家后，我幡然顿悟，感觉自己获得了救赎。如果说这种程度的灾难就能抵消我的罪孽，那么我甘愿承受世人对我的这种非难。当我觉悟到“这是为了洗净自身灵魂污垢而必需的忏悔”的一瞬间，我顿时感到身心开朗，海阔天空。

我们要有这样的认识——自己遭遇的灾难，是自己过去所犯的罪孽、所造的业障所结出的“业果”。如果自己所遭遇的并非危及生命的灾难，那么反而应该庆贺。要以这样的思维方式斩断烦恼忧愁的枷锁，忘记过

去的失败，并充满活力、满怀希望地迈向新的人生之路。如果想度过美好的人生，那么必须做到这点。

对大家而言，这点至关重要。往后的经济形势恐怕会愈发严峻。像赊销款无法收回、应收票据无法兑现等纠纷和倒霉事或许会经常发生。在面对这样的困难时，不要有感性的烦恼，而要奋力渡过难关，以积极乐观、努力拼搏的态度生活。

“六项精进”这个话题，我过去也曾讲过。今天之所以对各位“老调重弹”，是因为我觉得更为严峻的经济低迷期即将到来。

另一方面，为了在座的年轻企业家们，我觉得也有必要再讲一讲我年轻时讲过的内容。我认为，这应该是很有意义的。

请大家务必学习和实践“六项精进”，把自己的企业经营得更出色，让自己的人生更精彩。

谢谢大家。

大善似無情

作为人，何谓正确？

（日）稻盛和夫——著
周征文——译

稻盛开讲 03

人民东方出版传媒
People's Oriental Publishing & Media
東方出版社
The Oriental Press

图书在版编目（CIP）数据

稻盛开讲．2, 经营力 /（日）稻盛和夫著；蔡越先译．— 北京：东方出版社，2014.12
ISBN 978-7-5060-7932-7

Ⅰ.①稻…　Ⅱ.①稻…②蔡…　Ⅲ.①稻盛和夫—企业管理—经验　Ⅳ.① F279.313.3

中国版本图书馆 CIP 数据核字 (2014) 第 309815 号

稻盛开讲 2：经营力
（DAOSHENG KAIJIANG 2：JINGYINGLI）

作　　者：［日］稻盛和夫
译　　者：蔡越先
责任编辑：贺　方
出　　版：东方出版社
发　　行：人民东方出版传媒有限公司
地　　址：北京市东城区东四十条 113 号
邮政编码：100007
印　　刷：北京次渠印刷包装有限公司
版　　次：2015 年 3 月第 1 版
印　　次：2017 年 4 月第 3 次印刷
印　　数：13 001－18 000
开　　本：787 毫米 ×1092 毫米　1/32
印　　张：3.5
字　　数：26 千字
书　　号：978-7-5060-7932-7
定　　价：36.00 元
发行电话：（010）85924663　85924644　85924641

積善行思利他

图书在版编目（CIP）数据

稻盛开讲 . 5, 六项精进 /（日）稻盛和夫著；周征文译 . — 北京：东方出版社，2015.1
ISBN 978-7-5060-7944-0

Ⅰ. ①稻…　Ⅱ. ①稻…②周…　Ⅲ. ①稻盛和夫—企业管理—经验　Ⅳ. ① F279.313.3

中国版本图书馆 CIP 数据核字 (2015) 第 014023 号

稻盛开讲 5：六项精进
（DAOSHENG KAIJIANG 5：LIUXIANG JINGJIN）

作　　者：［日］稻盛和夫
译　　者：周征文
责任编辑：贺方
出　　版：东方出版社
发　　行：人民东方出版传媒有限公司
地　　址：北京市东城区东四十条 113 号
邮政编码：100007
印　　刷：北京次渠印刷包装有限公司
版　　次：2015 年 7 月第 1 版
印　　次：2016 年 8 月第 4 次印刷
印　　数：16 001–21 000
开　　本：787 毫米 ×1092 毫米 1/32
印　　张：4.625
字　　数：34 千字
书　　号：978-7-5060-7944-0
定　　价：36.00 元
发行电话：（010）85924663　85924644　85924641

六项精进

稻盛开讲 05

（日）稻盛和夫——著
周征文——译

人民东方出版传媒
People's Oriental Publishing & Media
東方出版社
The Oriental Press

小青島

動機至善
私心了無

盛和塾　第21
心を高める
evian

世界大会
を 伸 ば す

编者按

京瓷及KDDI的创始人稻盛和夫先生，作为聚拢年轻企业家的盛和塾的塾长，为培养并提携经济界的新生力量倾注了毕生心血，通过盛和塾的历届活动，亲口传授其独树一帜的人生哲学与经营理念。

与此同时，作为经济、政治以及文化等众多领域的舆论领袖，稻盛先生的言谈常常备受瞩目。

稻盛先生的演讲字字珠玑，惜有幸亲临现场聆听者甚为有限。此次整理演讲原文，悉数结集出版，并将CD随书一同发售，望能惠及更多人士。

本系列丛书，若果真能为诸位的人生助一臂之力，成就辉煌未来，那真可谓是荣幸之至！

本书将1995年7月6日稻盛先生在盛和塾全国大会上的演讲整理成文，CD中收录其演讲原音。会议现场录制，音质可能会有不尽人意之处，望能予以谅解。

本书CD与KCCS管理咨询株式会社

所发售的《稻盛和夫经营讲话CD系列》第28卷《为了度过幸福的人生》内容相同。本书根据演讲录音整理，为阅读之便，稍作改动与编辑。

目录

我们为何而生？

让灵魂得到净化、纯化和深化

工作中的“六项精进”

从佛教教义中学习活法

六項精進

我们为何而生？

每人的人生轨迹各不相同

“对我而言，何为人生？”“我为何而生？”“我来到这个世界，是为了做什么？”这些问题，在年轻时我就一直不断地重复并自问自答。想必各位也有类似的经验。

我一直告诫大家要“拼命努力工作”，大家可能会感到疑惑：人生在世，是为了工作，为了饱尝劳苦吗？还是为了享乐，为了度过美好人生呢？人生的意义，到底是什么？

事实上，我觉得这些问题是每个人都必须弄清楚的——何为人生？人生的意义是什么？人生的目的在哪里？

我们不但出身不同，而且出生时的环境、出生后的环境，包括之后的童年时代，一路走来的人生历程和如今的境况，都是各不相同的。正因如此，我们更需要找到一个共同的答案，来解答“对于我们人类而言，各自不同的人生有何意义”这个问题。

我想先讲出我的结论，也许有的人不认

可我的这套理念，认为这是“佛教味儿十足的说教”，但在这里，我还是先以两个理念来阐述我的结论。

人生只有一次。我们之所以来到这个世界上，是为了让自身的灵魂，或者说是作为人类本质的“真我”能够得到净化、纯化和深化。这便是最为正确的人生目的及人生意义。

也就是说，人生在世，是为了让自身的灵魂得到净化、纯化和深化。我觉得这便是对于人生意义的正确解释。

我们常常说，“人生只有一次”，也会

尽量通过这样的人生观来激励自己。我也喜欢这句话，且经常引用。

比如，当我创办第二电电（现在的KDDI）时，为了增加大家的向心力，也为了能够激励参与第二电电创建的人们，我说了如下一番话：

“人生只有一次。在这百年一遇、世纪罕见的变革时代中，信息通信走向民营化和自由化，国家允许私人企业进入该行业。在这巨大的变革中，我们所处的年代和年龄让我们正好可以担负起进行这场变革的重任，这难道不是一个千载一遇的机会吗？这样的机会怎能任其白白浪费？在仅此一次的人生中，眼前有这么好的机遇，叫人怎能不拼个了无遗憾呢？”

我的这番话，让大家做到了“万众一心”。每当遇到类似情况的时候，我便会使用类似“人生只有一次”“人生无法重来”的措辞来表达自己的思想。

大家会认为，我之所以说“人生只有一次”，其本意是为了训诫自己，让懒惰的自我、散漫的自我及荒唐的自我得到扼制，但其实并非如此。

按照佛教的教义，我们的“真我”，或

者说灵魂，是在不断轮回转世的。我们的生命历程，并不是局限于“只有一次”的现世生活。

然而，我们降生于现世时，便失去了过去的记忆，因此无法获知如今是自己的第几世。似乎有的人具有前世的记忆，但这也只限于非常罕见的例子。由于我们不断轮回转世，这个世界对我们而言，实际上并非是“头一遭”了。

而轮回的目的，是为了让我们的灵魂、真我在现世的严酷环境下得到净化、纯化和深化。之所以说严酷，是因为只要我们的肉身存在，便必然会伴随着各种诱惑和从恶之心，以及各种劳苦，而我们经历的各种苦难，便是为了让我们的灵魂或者说真我，能摆脱诱惑，得到净化、纯化和深化。

人生的目的在于“为社会为世人做贡献”

我们的人生意义在于磨砺人格、磨炼灵魂。这是我们应该抱有的人生观。如果觉得这样的想法佛教味儿过重、太过教条主义，那也可以采用这样的思维方式。

作为净化、纯化和深化灵魂或真我的方法，佛教提出了“八正道”。而其中最为重要的一个方法便是“积善行”。

这也就是我们一直对各位强调的“利他之心”。简单来说，就是“为社会为世人做贡献”。

因此，就如同我刚才所讲述的那样，如果你对灵魂或真我的纯化、净化和深化以及人不断轮回转世的佛教教义不太能接受，无法对这样的思维方式产生认同和好感的话，那完全可以这么想：我之所以来到这个世界，是因为要为社会为世人做贡献。

中国的古籍中也经常提到“积善”这个概念。其实这便是“利他之心”。

若要解释“为社会”的概念，可以把其外延从自身所处的地域社会向更大的社区、省、地区、日本，乃至全世界和宇宙扩展。要尽量以广阔宏大的“宇宙级规模”来考虑“为社会”的概念。即“为宇宙、为地球”。

在街上漫步时，大家想必经常会在街角、路边或人家的屋檐下，看到写有“祈求全世界人类和平共处”的标语吧。那是名为五井昌久（五井昌久，1916年–1980年，日本的宗教家，提倡“通过祈祷祈求世界和平运动”。——译者注）的有识之士所主导的活动，他在某日突然顿悟后，便开创了新兴宗教，而这个标语便是其宗教的根本思想之一。

我读过有关他事迹及教义的书籍，得知在他的倡导之下，信徒们把写有“祈求全世界人类和平共处”的标语挂在各街道社区。这在常人看来，或许没有什么意义。但这样的行为正可谓是“为社会”的典型。

我们当志愿者，给予他人微薄的帮助，抑或解囊捐款。这些行为也是“为社会”的体现，而每天祷告“祈求全世界人类和平共处”的行为，其“为社会”的高度就达到了“地球级规模”。这是一种催生人们“大爱”

的教义。

那些信徒们所倡导的，既非事关自身个体的愿望，也非仅限于自己周边小团体的博爱或关怀之类的“狭隘的利他之心”，而是着眼全球、具有“地球级规模”的大爱。

把宣传“祈求全世界人类和平共处”的标语，挂在各个街角。这样看似稀松平常的行为，却能够帮助一个人净化、纯化和深化自己的灵魂。

也就是说，在向神灵祈祷时，不许事关自身幸福的浅薄愿望，而是着眼全球、祈求全人类的和平。这样的行为，与自身灵魂的纯化、净化和深化相关联。

因此，如果对于刚才我所说的轮回转世及灵魂的纯化、净化等理念难以接受的话，可以用这样的方式去理解——“我的人生目标及意义，是‘为社会为世人做贡献’，这便是我来到这个世界的目的所在”。

我认为，即便只想着“为社会为世人”这一点，也就足够了。因为“为社会为世人”这样的“利他之心”，是净化灵魂的重要因素。

如果能在心中把它明确为活在现世的人生目标，那么不管做什么，你都不会再迷惘。即通过与该目标相呼应的“活法”，便能消除迷惘，迈向明确自信的人生道路。

而大家现在在百忙之中抽出时间、花费金钱、齐聚一堂、互相钻研、努力学习人生及经营的道理，这样的行为，就像我刚才说的一样，也是以“为社会为世人”为出发点，由追求灵魂和真我的纯化、净化和深化的心灵所推动的行为。

因此，我希望大家在这次学习会结束时，务必明确把握自己的人生目标和意义。如果能做到这一点，你的人生航船就永远不会为疾风骤雨所动摇。

让灵魂得到净化、纯化和深化

要首先相信“那个世界”的存在

在讲话的开始，我就提到：灵魂或者说真我，为了能够得到净化、纯化和深化，在重复的轮回转世中，一次又一次地把我们带到这个世界来修行。

我这么说，并非想向大家宣扬神秘玄幻之类的概念，而是希望大家相信一点——与我们所在的这个世界相对，俨然存在着另一个完全不同的宗教概念上的“那个世界”。

换言之，我希望大家相信灵魂的存在。因为如果否定灵魂，那么世间许许多多的事情就无法解释。

不过，我这么讲的目的，并非是让大家相信鬼怪存在或鬼神作祟。

我想说的是一个俨然存在的道理——世界必有阴阳两面，即灵界的存在。

之所以说，我们死后会前往“那个世界”，进行所谓的“重复的轮回转世”，那是因为如果去了“那个世界”之后不再回来，那么“轮回转世”便不成立。因此我觉得，“那个世界”的存在，是毫无疑问的事实。

然而，目前还无人能够证明“那个世界”的存在，因此目前的主流对其持否定的看法。但我相信，在当今21世纪内，人类一定能够找到“那个世界”存在的确凿证据，并可以以人人都能理解的方式来解读这一事实，而其实现的那一刻，正是人类最终获得救赎的时刻。我认为，如果人类无法正视“那个世界”的存在，那么人类恐怕会在发展之路上误入歧途，最终招致灭亡。

我认为，大家大可不必因为目前无法证

明便对其一味否定。我们大可认为“那个世界”（即灵界）是存在的。

我们死后的魂魄或者说真我，会作为灵魂前往“那个世界”，然后又会从“那个世界”回到现世。我希望大家能够相信这样的灵界是确实存在的。

相信灵界的存在，相信魂魄在脱离肉身后是有归宿的，这对一个人的修行及灵魂的纯化、净化起着非常关键的作用。

为什么会“心想事成”

那么，何为灵魂及真我呢？

在座的诸位中，肯定有人涉猎书海，阅读广博，比我更有学识。在此，我仅提出我个人的见解。我们的意识——我经常说“要渗透到潜意识之中”，我认为，在我们所具有的意识之中（包括这个“潜意识”在内），似乎存在着灵魂，也就是所谓的“意识体”。

我们只能看见“实体”，因此觉得只有实体才是真实存在的，但我认为，似乎的确存在像意识这样的“非实体”。

由脑细胞活动所产生的意识，只是我们整个意识体中的一小部分，其通过我们的“五感”呈现出来。而我认为，这“意志强烈”的整个意识体，便是所谓灵魂。

也就是说，在我们重复轮回转世的过程中，意识体就像电脑的内存一样，记录着我们在这个世界不断积累的所有经历，而这意识体即是灵魂所在。

我之所以强调灵界和“那个世界”的存在，并非有什么特殊目的。而只是因为如果否定这些概念的话，轮回转世就根本无从谈起了。

因此，简单地说，所谓人生，就是“为社会为世人做贡献”的过程，也是人来到这个世界的目的所在。换言之，为了让自身的灵魂、真我获得纯化、净化和深化，其关键要素之一便是“利他之心”，因此，人出生的目的也可以说是为了实施各种“利他行为”。

我在前面已经说过，为了净化灵魂，我

们需要修行。而修行的关键要素，便是“利他之心”。

如果要问这“利他之心”与净化灵魂的根源依据是什么，那么就要从“业障”这个概念说起。我们来到这个世界后，会产生各种各样的“恶业”，所谓恶业，即恶念所导致的业障。

也就是说，如果心存恶念，则你的所思所想，都会变成业障，依附于你的灵魂之上。而依附于灵魂之上的心念业障，一定会在现实中得以呈现。我所说的“强烈而切实的愿望必定会实现”，也是基于这个道理。

所谓“心想事成”，即“思念造业”，而不管是善业还是恶业，都会依附于灵魂之上，并且最终都会开花结果、得以实现。

也就是说，善因生善果，恶因得恶果。

因此，愿望必会实现。

浏览一下东西方有关成功学的著作，你不难会发现，“心唤物必至”“有志者事竟成”是任何一本书都贯穿始终的不二法则。因为他们都是遵循了“思念造业”这一规律的产物。

“利他之心”能够消除业障

善念生善业，恶念生恶业，皆附于灵魂；善因生善果，恶因得恶果，这一切必归于现实。

同时，由“为社会为世人”的“利他之心”所产生的行为，则具有消除业障的作用。

在座各位中，想必有人接触过占卜，比如星相学占卜之类的事情。

我打出生起，从未接触过包括星相学之类的任何占卜，但看过相关的书籍，因此略知一二。

占卜师往往会说“你今年的运势非常差”“你会遭遇这方面的问题”等话。

不过，有时占卜师也会这么说“不管你自己是有意还是无意的，正好在那个时候，你做了那样的事情，也就是做了好事。正因为这样，你才逃过一劫……”

“本来按照占卜的结果，你今年的运势其实是非常不好的，你可能会遭遇各种出乎意料的不幸，发生各种不顺利的事情，而你却机缘巧合地做了某件事情。事实上，正是因为你做的那件事情，导致你逃过了原本注定的厄运”。

像这样的占卜例子，并不少见。

如果一个占卜师说：“你灵魂中所附着的孽障本来是要遭到现实报应的，可它却因为某种原因而消除了。”“或许是你去年和今年所做的‘利他行为’使其消除了。”

那么就证明他掌握了“宇宙法则”。

也就是说，“利他之心”既能起到净化灵魂的作用，还能够消除人们的孽障。

工作中的『六项精进』

繁忙的日常工作
亦能磨砺灵魂

针对“何为人生？何为人生目标？何为人生意义”这样的问题，我给出的回答是——“人之所以来到这个世界上，是为了让自身的灵魂（或者说真我）获得纯化、净化和深化”，“而实现这样的目标，‘利他之心’是关键要素，因此要树立‘为社会为世人’的目标”。

然而，为了实现自身灵魂和真我的净化、纯化和深化，人们自古以来一直在进行各种艰难困苦的尝试。

比如在佛教中，禅宗的僧人们每天都要苦心修行、坐禅入定，以求得灵魂的净化。而在比叡山的寺庙中，会进行一种名为“千日回峰”（千日回峰是发源于天台宗比叡山的一种修行方式。修行者要在7年内的1000日之中，拜谒比叡山的各峰。每日步行大约30公里。在完成为期700日的修行后，要进行为期9日的“入堂坐禅”，期间断食、断水、不眠、不卧。到了第7年，前100日拜谒京都市内的各寺庙，后100日再次拜谒比叡山的各峰。“千日回峰”被人称为“苦行中的苦行”。——译者注）的惊人苦行，其目的也是为了让自身的灵魂、真我尽量获得净化和深化。而那些精于瑜伽之道的圣人们则会隐居于喜马拉雅的深山中，潜心于冥想，从而正视自身灵魂的纯化与净化。

人们一直不辞劳苦地努力获得灵魂的纯化和净化，磨炼自己，原因就在于，一个人灵魂的净化程度，将会决定此人在“那个世界”的归宿。

正因为净化灵魂是人类的终极关怀，因

此自古以来就有无数的有识之士倾其一生潜心修行，只为求得自身灵魂的净化。

现场的各位，包括我在内，我们来到这个世界，不知是幸运还是不幸，都担任了企业家的角色，尽管有的人是接受委托而管理企业，有的人是继承父母的企业，有的人是自己创业。

我想对各位说，人生在世，独自生活已经不易，而各位多多少少都雇用着几名员工。而员工大多数都不是孑然一身，他们都有自己的家人，而正因为有各位的雇用，员工们才能养家糊口，这本身就是非同寻常的可敬之举。如今的时代，光是养活自己都不容易，各位肩上却挑着为员工生计负责、为员工家人生计负责的重担，这样的行为本身就已经是“利他之心”的实际体现了。

因此，经营中小企业，本身就是一份伟大的工作。正因为如此，中小企业经营者们更应该不辱使命，昂首挺胸。

如果中小企业经营者们都能具有如此高尚的人格和思想，那么我们的世界就会变得和平和富足。

一些人会把商人或者说中小企业经营者看作唯利是图的生意人，这种观点是绝对错误的。现场各位所从事的事业，本身就是值得敬佩之善举，是高尚的行为。

因此我认为，如果各位能够通过这样的学习进一步充实自我、完善自身的话，就会让我们的社会和世界变得更加光明和美好。

由于机缘巧合，我们这些人，有的人通过继承父母的企业，有的人通过从事父母的事业，有的人则通过独立创业，从而成为了中小企业的经营者。与为了纯化和净化自身灵魂而倾其一生潜心苦修的宗教家们相比，我们这些人往往没有这样的时间去修行。

不少人会进行冥想，我觉得这么做非常

拼命努力工作是人生幸福的条件

“六项精进”的第一项是，“付出不亚于任何人的努力”。我在讲解“经营十二条”时，也一直向大家强调“付出不亚于任何人的努力”。而在“六项精进”中，我把这一项放在首位。

在企业经营中，“付出不亚于任何人的努力”是最为重要的。换言好。有的人则会通过互相学习、交流来提升心性，这也是非常好的做法。然而，也有许多人忙于每天的工作事务，完全没有这样的时间。

整日忙碌，有的人每天可能就没睡几个小时，这可谓是我们这些企业经营者的生活常态。那么，难道我们这些人就无法获得救赎了吗？就无法开悟人生真理，无法实现灵魂的纯化和净化了吗？

在我看来，答案当然是否定的。我们也能获得救赎。

净化灵魂的六大要素

在佛教教义中，有各种提倡世人去实践的修行内容，而我在对其理解的基础上简单归纳出了六项。其中第一项是“付出不亚于任何人的努力”“不惜努力、拼命工作”。

这种“不惜努力、拼命工作”的态度，在佛教中被称为“精进”。所谓精进，就是以努力的态度积极生活。

佛教把修行看作精进的体现，而我们在现世拼命努力工作、拼命努力生活、心无旁骛投入工作的态度，事实上与宗教家们的苦修并无本质区别。这两者绝对是不矛盾的。我们苦心办企业，与宗教家们潜心苦修的行为是共通的。我所说的“不惜努力、拼命工作”的含义，绝非停留在“为了让公司赚钱而一心工作”这样的狭隘层面上，而是指一种修行，一种苦行。

而这样的苦行，即精进，实际上与灵魂的净化是直接相关的。

第二项是“谦虚戒骄”，中国有句古话叫“谦受益”。反之，寡义廉耻及刚愎自用者是无法求得善果的。

能求得善果的，必是谦虚、克己之人。有些企业家在职业生涯中会强势争斗、排除异己，这样的人或许会给人以“英勇干练”的印象，但真正的“集大成者”是不会这么做的。一名真正意义上的优秀企业家，即便内心具有燃烧的热情与好强的秉性，但在人格本质上却保持着谦虚、克己的美德。

在中国古籍中有这样的描述：凡是将来会出人头地的人物，其身上势必会散发出一种带有谦逊美德的光芒。

我也发现，将来会取得卓越成就的优秀年轻人，其身上都会闪耀一种“谦逊美德”的光辉。按照中国骨相学和面相学的说法，如果一个人年纪轻轻便能做到“君子温如玉”般的淡然与谦和，那他将来必成大器。

因此，做到“谦虚戒骄”，对于净化灵魂是非常关键的要素。

第三项是“天天反省”。反省的内容，是自己的“利己之心”。也就是说，在做“利他之事”时，首先要想想自己是否把“利己之心”放在了“利他之心”前面。要消除那种“只要自己的利益得到满足就行了”的想法，要通过反省来抛弃这类自私自利的邪念。

换言之，“天天反省”就是反省并清除自身的“利己之心”。

在禅宗的经文中，有一篇白隐禅师的《坐禅和赞》。经文中有一句是“念佛忏悔行”。其中所说的“忏悔”，便是指反省。

忏悔在修行中占据着很大的比重。我真切希望大家能够坚持不懈地做到“每日三省吾身”。

第四项是“活着就要感谢”。

其实，如果没有一颗感恩幸福的心，就不会感谢他人。那么，人怎样才能感受到幸福呢？

一般来说，我们人类总是生活在“不知足”之中，由于不知足，就必然会产生不满和不平。因此，“知足”就显得很重要了。如果能够做到知足，则会产生“这样就已经很棒了”“这样就已经很好了”的心态，幸福感便油然而生。

一旦拥有了幸福感，人必然会懂得感谢。因此我们要懂得“活着就已经是幸福”的道理，对上天赐予的生命抱有感恩之心，这点非常重要。

比如，各位之所以能在百忙之中抽出时间、花费金钱来到这里齐聚一堂，是各位的员工或同事在公司拼命努力的结果，这才有了各位来参加此次活动的费用。因此，各位应该对他们心存感谢。在每天的生活中，我们应该做到能够像这样自然而然地流露出感恩之情。

只要有这样一颗感恩之心，多细小的事情都能成为你感谢的对象。“知足之心”催生幸福感，幸福感自身流露出感谢之情。这对净化灵魂起着非常大的作用。

第五项是“积善行、思利他”，也就是“为社会为世人做贡献”。在我一直强调的理念之中，这点最为重要。

最后，即第六项，则是“不要有感性的烦恼”。

比如，像“支票无法兑现”“明天公司可能会倒闭”之类的烦恼，应该全部抛之脑后。

对于我的这种说法，大家可能会不以为然，可能会想“这种态度会让公司倒闭的”，“生于忧患、死于安乐，如果不担心公司会倒闭，那搞不好公司真的就倒闭了”。为了让支票能够兑现而四处奔走；当公司濒临倒闭时，拼尽全力进行挽救；这些的确都是必须做的事。

而我所说的“不要烦恼”，是指不要因为这些事情本身而陷入烦恼、徒添心劳。

人生在世，时常会碰到诸如此类的各种不顺和逆境。“如果在拼命努力后公司还是倒闭了，那也是没办法的事”，要以这样的心态去面对。

如果一味纠结这种烦恼，则会被烦恼本身所累，比如，如果连家里的夫人都跟着一起担心，觉得“公司倒闭的话怎么得了?!

人们会以怎样的眼光看待我们？”的话，那就会让事情变得更糟。

如果在拼命努力后公司还是倒闭了，那也是没办法的事。例如虽然得到了客户的支票，结果却因为客户的公司倒闭而导致支票无法兑现，从而使自身大量负债。这样的情况在现实中的确存在，也正因为如此，我们在平时就更加需要努力经营。

就像我刚才所讲的，“付出不亚于任何人的努力”是“六项精进”中的第一项。我们当然要努力战胜困难，但不要因为困难本身而陷入烦恼、徒添心劳。

人生在世，当然会碰到艰难困苦。既会遭遇灾难，也会身患重病。而与那些出生就身体不健全的人相比，大多数人还算幸运。那些出生就有身体残障的人，他们的人生之路在一开始就注定比我们要更艰难。

在我们这些身体健全的人看来，那些残障人士是不幸的。但他们之中，有许多人拥有着比我们更加美丽的心灵。其中有的人那充满“真善美”的言行举动，反而给予了我们这些身体健全的人以希望与梦想。

所以说，人生自然伴随着各种艰难困苦，而我们不要因为困难本身而产生感性的烦恼，更不要使其侵蚀心灵。要知道，人生在世，本来就是要经历风风雨雨的。

如果被烦恼彻底绑架，往往最终会想到自杀。因此我们绝对不要有感性的烦恼。

每天重复平凡的工作，人生就能获得飞跃

请允许我再次归纳一下前面所讲的“六项精进”。

一、付出不亚于任何人的努力。

二、谦虚戒骄。

三、天天反省。反省并清除自身的“利己之心”。

四、活着就要感谢。“知足之心”是幸福感之源。

五、积善行、思利他。

中国古籍中便有“积善之家，必有余庆”的说法。同情、体谅他人以及为了他人而尽力的行为，实际上是对自身的一种救赎。所谓“善有善报”，你对他人实行的所有善举，最后一定会反馈到自己身上，从而给自己带来幸福。

六、不要有感性的烦恼。

我觉得，大家如果能在企业管理的日常工作中做到这六项，则就会对自身灵魂的纯化和净化有所帮助。就算没有时间像宗教家那样潜心苦修或每日坐禅，只要在每天的工作中做到这六项，我认为灵魂便会得到纯化和净化。

这并非是我“一厢情愿”的主观推断。在我明白这个道理并付诸实践后，不管是我的人生还是我的事业，都变得异常顺利，其顺利程度甚至超越了我自身的才能和能力。简直就好像“有如神助”一般。

我经常有这样的经历，比如一般来说不可能如此一帆风顺的事，却真的以不可思议的方式成为了现实。

这样的情况如果发生在宗教家的身上，我们可能会认为他具有超凡的灵力，或者是具有能够生成绝妙超能力现象的奇人。

但我并不认同这样的解读，我觉得只要每天坚持重复似乎人人都能做到的平凡工作，到了某一天，人生便会出现这样精彩的飞跃。

只要精诚所至，整个宇宙都会帮助你

日本历史上的改革家二宫尊德曾说过“至诚所感，天地为动”。换言之，精诚所至，金石为开。只要具有至诚的态度，天地、神灵和自然都会成为支持你的后盾。

二宫尊德所说的“至诚所感”，就是指努力奉行上面所说的“六项精进”。

我认为，这正与以实现灵魂净化与纯化为目的的修行如出一辙。我相信，只要坚持“六项精进”，就会获得神灵的幸运加持。因此从这个意义层面上来说，所谓修行，并非什么高深莫测的行为。

我们这些企业家，绝非一味追逐利润、不讲原则的所谓“肮脏商人”。当然，既然办企业，当然要追求利润，但其目的是为了给员工们提供更好的生活保障。

我们不但要为员工负责，还要为员工的家人和自己的家人负责。为了让他们现在和将来的生活有所保障，我们拼命努力工作。

如今这个时代，光是养活自己已经不容易，各位肩上却还挑着为员工家人生计负责的重担，这样的行为正是“利他之心”的实际体现，即善举、善行。

如果企业家能以这样的目标而努力，员工也会对企业和企业领导产生认同感和向心力，而如果能打造这样的企业，则其与宗教家修行的终极关怀是一致的。

我相信，如果能采取如此纯粹真诚的“活法”，做到“至诚所感”，那么“鬼神天地都会为之所动”，并且能够“人离难，难离身”，神灵都会被你的美丽心灵所感动，从而对你伸出援手。

这并非是我的主观意愿，其实在我的人生中，尤其是在天命之年以后，我所取得的成就，往往都是超越了我个人的力量和能力限度的。

如今的我，一周只去京瓷公司视察一次，并且也不是每周都去。但实际情况是，京瓷的高层干部们一直对公司的发展表示惊讶。他们想必也不禁感叹道：“我们确实相信京瓷哲学（以‘作为人，何谓正确？’为核心的京瓷哲学），也在工作中付诸实践，但还是没想到居然会收获如此大的效果。”

我刚创办第二电电、踏入信息通信行业时，就始终抱着一个念头——为了让日本国民能享受更为实惠的通信服务，一定要想办法让当时“3分钟400日元”的话费降下来。

“动机至善、私心了无”，这是我当时经常说的话。我将“为了国民”的意念贯彻到自己的事业中，这不仅让第二电电腾飞，同时也推动了京瓷公司的发展。

从这个事例来看，与其说这是凭借我自身才能取得的成就，不如说是神灵对于我的“活法”和“企业发展理念”的认同和恩赐。

因此，我不会陷入迷惘。

各位只要按照我刚才所说的去做，必然也能让自己的企业迎来璀璨的未来。并且我觉得，这便是宇宙的法则。

活着就要感谢

从佛教教义中学习活法

白隐禅师的《坐禅和赞》是人生的指针

我非常喜欢白隐禅师所念诵的《坐禅和赞》。虽然我出生于一个信奉西本愿寺净土真宗的家庭，但在我开始创办企业后，与京都禅宗的僧人们的交往日渐深厚，因此如今我是一名禅宗信徒。

白隐禅师所写的《坐禅和赞》可谓字字珠玑，因此在演讲即将结束之际，我想以念诵它来作为总结。在场的各位中，可能有人早就知道这段经文。

众生本来佛，恰如水与冰。

离水则无冰，众生外无佛。

众生本来都是佛，就如同水与冰的关系。离开了水，冰便不存在；同理，离开了人，佛便不存在。

对面不相识，却向远方求。

譬如水中居，却说渴难耐。

佛就在众生身旁，也就是在众生心中，可众生却浑然不知，还去远处追寻那虚无缥缈的佛性。这就好比明明身在水中，却还喊着口渴。

本是富家子，沦为穷乞丐。

六道轮回因，只缘愚痴暗。

漫漫长夜路，何时了生死。

有人明明生在富足之家，最后却沦为贫民窟的居民。不断轮回转世中所积累的业障，再加上心中的不平不满，使人走入歧途。如果一个人对人生不知感恩，只存不满，就等于走上了一条充满黑暗的人生迷路，直到死亡。

摩诃大禅定，赞叹无有尽。

六度波罗蜜，念佛忏悔行。

诸多善行谊，悉皆归其中。

人的一生中，如果心中禅定，勤于坐禅，则善莫大焉。

布施即利他行为，至于持戒，也就是守戒。即我刚才所讲的反省。此外，它还有谦虚之意。并且，就如同通过念佛来忏悔一样，通过布施这样的利他行为，以及感谢，也能实现对自我的反省，而这些都属于积德的善行。

静心一禅定，能灭无量罪。

免落诸恶趣，净土即不远。

像我们这样的企业家，在实现某种成功

之前，不管出发点多么好，在其过程中还是会积累孽障。而这样的孽障，亦可通过布施、持戒、念佛和忏悔等修行和善行来消除。如果能这么做，那就离净土，即天国不远了。

幸蒙此法要，一旦触及耳。

赞叹随喜者，即得福无量。

就算一次亦可，如果有人听到该经文时赞叹随喜，即浑身感受到至上的幸福，以至于眼泪夺眶而出的话，就算不理解经文的含义，也能获得无限的福报。

设若自回向，直证自本性，

自性即无性，远离诸戏论。

因果一如门，无二亦无三，

无相相为相，去来皆本乡。

无念念为念，歌舞尽法音，

三昧无碍空，四智圆明月。

此时复何求，寂灭现前故，

处处皆净土，此身即是佛。

更不必说，如果能主动发愿，证明自己的本性及真我的存在，即通过坐禅来确认自身灵魂及真我存在的话，自我的本性则会在刹那间化为乌有，从而达到无因无果的“四大皆空”。一旦进入该境界，你自身便已然成了佛。而你当前所在之处，即是天国。

白隐禅师所写的《坐禅和赞》，就算是我们这些现代人，亦能理解其字句的含义。

佛教的经文，譬如《般若心经》等，内容往往过于深奥，导致普通人难以理解。而这《坐禅和赞》的语言则较为平实，使得我们现代人也能够理解其含义。并且该经文的含义直接触及了佛教的精髓所在。

正如白隐禅师所教诲的那样，我相信，如果我们的人生能以这《坐禅和赞》为准绳，则我们所经营的企业也能走上一条前途光明的良性发展之路。

以利他之心
為判斷基準

活法的真髓 3

稻盛和夫箴言集

21

之前的箴言集收录于“稻盛开讲”系列以下分册中。

活法的精髓 1（1~10）刊载于《稻盛开讲 1：人为什么活着》

活法的精髓 2（11~20）刊载于《稻盛开讲 2：经营力》

我认为，人们对于人生的终极关怀，应该是在回忆人生时，能够感受到“为世界做出了贡献，同时自己也获得了幸福”。

《敬天爱人》

22

来自工作的喜悦，并不像糖果那样，一放进嘴里就甜味十足。有格言道“劳动有苦根甜果”。喜悦从苦劳与艰辛中渗出，工作的乐趣就潜藏在超越困难的过程中。

《活法》

23

每个人都想度过优越幸运的人生。但美好人生并非凭空的天降之物，而是通过磨砺自身心志才能获得的。因此，首先每天要努力让自身的心灵变得美好。而磨砺心志的基本方式便是“勤勉”。这在佛教中被称为“精进”。不仅限于工作，只要埋头刻苦、专心致志于一件事就可以。

《德与正义》

24

始终保持火一般的热情，不论什么时候，什么场合，什么事情，一概以“极度”认真的态度面对，通过这样的日积月累就能创造我们人生的价值，就能将自己的人生之戏演绎得精彩纷纭。

《活法》

25

人生不如意事十有八九。有时我们甚至怨恨神佛，为什么只让我经历那么多的苦难？但正是这些苦难才能磨炼我们的灵魂。把苦难看作考验，我们需要这样来思考问题。所谓人生中的苦难，乃是锤炼自己人格的绝佳机会。

《活法伍：成功与失败的法则》

26

的确，命运这东西，在我们的人生中俨然存在，但它不是人力无法抗拒的“宿命”。命运可以随着我们心态的改变而改变。唯一能改变命运的就是我们的心灵，人生由自己创造。

《活法》

27

“知足”即是对自己生命的感谢。正因为有一颗感恩之心，才会切身感受到满足。实际上，这样的心态本身就是一种幸福。

《德与正义》

28

人生自有“阴晴圆缺”。幸运眷顾时自然人人欢喜，而灾难降临时，也要把它当作一种修行，并要感谢上天至少让自己还活着，这样能够净化心灵，使命运向好的方向扭转。

《感谢上苍承蒙神佑》

29

灾难能够消除过去的业障。因此应该这么想——“谢天谢地，这种程度的灾难便消除了我的业障”，要抱着这样感恩和乐观的心态去重新看问题。如果对于灾难都能以如此积极的思维方式去对待，那么就能使自身的命运向着好的方向去转变。

《新日本·新经营》

30

活法的真髓 4

稻盛和夫箴言集

31

之前的箴言集收录于“稻盛开讲”系列以下分册中。

活法的精髓1（1~10）刊载于《稻盛开讲1：人为什么活着》

活法的精髓2（11~20）刊载于《稻盛开讲2：经营力》

活法的精髓3（21~30）刊载于《稻盛开讲3：作为人，何谓正确？》

成功是没有捷径可走的，只有依靠持续燃烧的热情和认真踏实的不懈努力。这貌似愚钝而耿直的方法，其实正是通向成功之路的“王道”。

《敬天爱人》

32

不管年纪多大，我们仍要诉说梦想，描绘未来光明的前景。无梦之人不会有创造和成功，他的人格也无从成长。因为人格只有在描绘梦想、钻研创新、不懈努力之中才能得到磨炼。从这个意义上，我想强调，梦想和愿望就是人生起飞的跳板。

《活法》

33

绝妙的机会总是藏在最不起眼之处，只有强烈地感受到自己目标的人才能看得见。

《活法贰：追求成功的热情》

34

对于志坚之人而言，通往目标的那条长路永远不会从视野中消失。无论路途中遭遇多少次艰难险阻、挫折失败，都会重新站起来，继续前行。反之，无志之人的视野中无路可走。

《活法叁：人生的王道》

35

要想成就一番事业，则必须具有强大的能量。正因为如此，我们要树立一种志向和目标意识，不管在谁的眼中，不管站在什么立场，这种志向和目标都必须是远大的、出色的。只有做到这一点，我们才能激发出自身的所有潜能，才能获得周围人的协助，才能不断取得成功。

《敬天爱人》

36

即便取得成功，也不懒惰懈怠；即便生活富足，也仍勤奋努力、专注工作。这样的品德，正是不断迈向新成功的秘诀。

《德与正义》

37

我下定决心，既然我认为自己所选的路是正确的，那么不管路途多么凶险，天气多么恶劣，都应一心攻顶。从那时起，我就试着对自己和他人一样严格，这样我们才能一同登上巅峰。捷径并不一定能把我们带到目的地。

《活法贰：追求成功的热情》

38

人生旅途上，不可能犹如乘坐喷气式飞机般忽而飞到目的地。面对梦想与现实之间的漫漫长路焦躁也无济于事。而靠耍手腕施诡计，抑或临阵磨枪，即便成功也足不着地，这种荣华不会长久。所以，人生重要的是依循正道，一步一个脚印，踏实前行。

《活法叁：人生的王道》

39

人生或事业中遇到的障碍与难题，仅靠感情、感性解决不了。越艰难越应运用理性。以理性深入思索，寻求合理且根本的解决方法，在解决问题上倾注精力，这点才最为重要。至于今后是否顺利进展不必想得太多。只需怀抱成功的信心“待天命”就够了。

《活法叁：人生的王道》

40

活法的真髓

5

稻盛和夫箴言集

41

之前的箴言集收录于“稻盛开讲”系列的以下分册中。

活法的精髓 1（1~10）刊载于《稻盛开讲 1：人为什么活着》

活法的精髓 2（11~20）刊载于《稻盛开讲 2：经营力》

活法的精髓 3（21~30）刊载于《稻盛开讲 3：作为人，何谓正确？》

活法的精髓 4（31~40）刊载于《稻盛开讲 4：付出不亚于任何人的努力》

在思考人类和宇宙整体的时候，就需要站在造物主的视角上观察。只在局部上精雕细刻，决不可能正确地理解整体。现在的科学或者说现在的学者，他们往往只见树木不见森林，只论述局部而迷失了整体。所谓“造物主的视角”，就是观察和把握全局，为了让这个世界变得更好，我们人类应该具备什么样的思维方式，我认为这一点是现代社会最为必要的。

《心法：稻盛和夫的哲学》

42

能够让企业发展的只有创造，当然开发新产品也是创造之一。我认为创造应该可以细分为以下四种：“创造新需求”“创造新市场”“创造新技术”“创造新商品”。但是这四种创造并非独立无关，而是浑然一体的存在。例如就你而言，可以将成功的技术创造连接在商品创造上。如果能接着唤醒消费的需求，就会再连接上市场的创造。

《稻盛和夫的实学：经营三十四问》

43

开展事业的时候如果依感情判断，凭感情行动，势必乱套，以致不可收拾；如果依感情判断，再凭理性采取行动，仍会走错方向，那么依理性判断，凭理性行动又会怎样呢？结果是谁也不愿追随。我认为，在事情的开始阶段，必须用理性思考。在实际执行阶段再融入情感因素，这才是恰当的做法。

《心法：稻盛和夫的哲学》

44

一心“利他”的善良“思想”不仅能够让我们赢得周围人的支持，同时也让我们获得上天的垂青，并最终将自身导引上走向成功的道路。而与之相反的是，如果只会一心耍小聪明、玩弄计谋，凡事只要自己好就行，以这种低层次“思想”为出发点的话，那么我们不仅得不到他人的合作和上天的眷顾，还会遇到各种障碍，不断遭受挫折。

《活法伍：成功与失败的法则》

45

在商业世界取胜，首先需要的就是斗魂，就是“无论如何也要取胜”“不管怎样也必须成功”的一种气势；就是摸爬滚打、不顾一切、奋勇向前的一股冲劲。激起“燃烧的斗魂”、付出“不亚于任何人的努力”者生存；没有斗魂、不肯努力者灭亡。结果只能如此。

《心法贰：燃烧的斗魂》

46

遭遇艰难困苦而想要摆脱，这就是人。想要摆脱却怎么也摆脱不了，这种情形往往居多。倒霉也罢，厄运也罢，忍受它们，保持开朗的心境朝前看，坚持努力，不懈怠，这就是人生。我的人生就是这样，靠着开朗的心境和不懈的努力，我实现了自己的理想。

《活法青少年版：你的梦想一定能实现》

47

一流大学毕业、头脑聪明的大企业的董事，许多人到客户那里推销产品却不懂得要低声下气，要像小伙计一样，低头搓手，恳求订单。我们必须有当仆人的精神，这是商业活动的基础。

《心法贰：燃烧的斗魂》

48

人生并非“偶然”的连续，好事坏事交替而来才是人生。青年朋友们，你们代表将来的时代。遇到挫折时请不要颓丧，痛苦的时候要坚持奋斗，奋斗必有硕果，奋斗使你的人生更加多彩，使你的人格更加高尚。

《活法青少年版：你的梦想一定能实现》

49

我认为在选拔领导时，不应该以才能，而是应该以他是否能够作出符合人间正道的判断来作为标准。也就是说，我们不应选择那些以自身才干自负、以自我利益优先、以个人喜恶为追求的人。而必须选择那些甘于为了组织和集体牺牲自我的人。

《活法肆：人生与经营的法则》

50

一家公司总有许多小涡流，好似随处可见的激流。如果你只是随波逐流，终会被卷入这些漩涡。若要从工作中体验到真正的愉悦与狂热，你必须做涡流的中心。积极一点，就像要把周围的人全都卷进来那样。

《活法贰：追求成功的热情》

为了达成愿望，竭尽全力，绞尽脑汁，仍然无法进展，一筹莫展，山穷水尽，但就在这种时候，意想之外的灵感，想象不及的智慧，似天启般突然闪现，感觉是宇宙造物主在自己背后着力推动。

《活法》

付出不亚于任何人的努力

〔日〕稻盛和夫——著
周征文——译

稻盛开讲
04

人民东方出版传媒
People's Oriental Publishing & Media
東方出版社
The Oriental Press

图书在版编目（CIP）数据

稻盛开讲．4，付出不亚于任何人的努力 /（日）稻盛和夫著；周征文译．— 北京：东方出版社，2014.12
ISBN 978-7-5060-7934-1

Ⅰ．①稻… Ⅱ．①稻…②周… Ⅲ．①稻盛和夫—企业管理—经验 Ⅳ．① F279.313.3

中国版本图书馆 CIP 数据核字 (2014) 第 309816 号

稻盛开讲 4：付出不亚于任何人的努力
（DAOSHENG KAIJIANG 4：FUCHU BUYAYU RENHEREN DE NULI）

作　　者：［日］稻盛和夫
译　　者：周征文
责任编辑：贺　方
出　　版：东方出版社
发　　行：人民东方出版传媒有限公司
地　　址：北京市东城区东四十条 113 号
邮政编码：100007
印　　刷：北京次渠印刷包装有限公司
版　　次：2015 年 4 月第 1 版
印　　次：2017 年 4 月第 3 次印刷
印　　数：13 001–18 000
开　　本：787 毫米 ×1092 毫米 1/32
印　　张：4
字　　数：29 千字
书　　号：978-7-5060-7934-1
定　　价：36.00 元
发行电话：（010）85924663　85924644　85924641

时代周报
[盛和塾]
时代周报
[盛和
时代

在相扑台的中央交锋

[盛和塾]

長例会

编者按

京瓷及KDDI的创始人稻盛和夫先生，作为聚拢年轻企业家的盛和塾的塾长，为培养并提携经济界的新生力量倾注了毕生心血，通过盛和塾的历届活动，亲口传授其独树一帜的人生哲学与经营理念。

与此同时，作为经济、政治以及文化等众多领域的舆论领袖，稻盛先生的言谈常常备受瞩目。

稻盛先生的演讲字字珠玑，惜有幸亲临现场聆听者甚为有限。此次整理演讲原文，悉数结集出版，并将CD随书一同发售，望能惠及更多人士。

本系列丛书，若果真能为诸位的人生助一臂之力，成就辉煌未来，那真可谓是荣幸之至！

本书将1992年11月17日稻盛先生在盛和塾新潟例会上的演讲整理成文，CD中收录其演讲原音。会议现场录制，音质可能会有不尽人意之处，望能予以谅解。

本书CD与KCCS管理咨询株式会社

所发售的《稻盛和夫经营讲话CD系列》第7卷《远大志向与努力》内容相同。本书根据演讲录音整理，为阅读之便，稍作改动与编辑。

目录

强烈意念的重要性

付出不亚于任何人的努力

极度认真地过好每一天

贯彻完美主义

强烈意念的重要性

强烈的愿望正是成功的原动力

“必须持续抱有强烈的愿望，乃至不知不觉中让这种愿望渗透到潜意识之中。”在场的各位无论是白手起家的创业者，还是继承企业的第二代接班人，都应该抱有具体的愿望，譬如“想把自己的企业办成怎样的企业”“希望自己的企业成为这样的企业”等等。

“愿望”这个词由汉字“愿”和“望”所组成，其含义为“无论如何都希望实现的事”。如果心中具有“强烈的愿望”，那可是一件了不起的事情。它与“如果能那样该多好啊”之类的淡然的、可有可无的心愿不同，而是“无论如何都想实现”的执着意念。这种愿望的强烈程度，可以用“上刀山下火海在所不辞”这句老话来形容。

这样的愿望，可以是企业的经营目标。例如“想达成这样的销售额”“想把公司打造成这样的企业”“想实现这样的销售额与利润比”。这种具体而鲜明的目标也是愿望。

我建议大家设定这样的目标。

“公司是从父母那里继承来的，员工有二三十人。为不辜负这些员工的信任和期待，希望把公司打造成这样的企业。”所谓设定目标，便是像这样描画具体的理想蓝图。

不过要注意，仅仅单方面设定目标是不够的，最好还要列出为了达成目标所需的所有实践项目。这也是我刚才提到的“想这样做”的内容。

而在设定目标、描画愿望图景时，我希望大家尽量“高举理想大旗”。举个反面例子，“目前我公司只是一家规模较小的乡镇企业，因此即便设定远大目标也无济于事。还不如‘一步一个脚印’，设定眼下能够完成的目标”。我不认同这种想法。我认为，即便目前只是在经营一家位于偏僻乡村的小企业，也要思考什么才是自身应该为之奋斗一生的事业，这便是理想。

有的人还会这么想——“反正现在既没资金也没人才，就算考虑远大理想也是徒劳”。这种给自身设置制约条件的做法，在设定目标时是需要摒弃的。在设定目标时，要给自己更多的自由空间。

不过，虽说要自由，但如果不切实际地

设定不可能实现的目标，则也是不可取的。

总之，要避免走两种极端：一是不要设定那种稍作努力便能达成的短期目标，因为它没有意义。这么做的人往往被现实困难所束缚，比如认为“经营着既没钱又没人才的一家乡镇企业，员工除了自己和弟弟外就只有一个人，设定什么远大目标纯粹是浪费时间”。二是不要在描画理想蓝图时天马行空，结果尽是无法实现的空中楼阁。这么做的人往往明知理想的可行性很低，却依旧沉醉于对目标远景的设定。这两种极端情况都是需要引以为戒的。

设定目标时要相信无限的可能性

在描画愿望图景时，必须坚信自身具有无限的可能性。人类的潜力是无限的。

首先，一个人必须自信，坚信自身“蕴藏着无限的可能性”，是一块金子，总有一天会灿灿发光的。

由此，一个人才能相信自己所设定的目标终有一天会实现，哪怕在目前看来，该目标是遥不可及的。

一个人要抱有这样的心态，要像这样高举“理想的大旗”。

在创业伊始，我对企业经营简直一窍不通，就这样不自量力地在京都中京区的西京原町开办了工厂。工厂其实就是向宫木电机公司租的仓库。当时，我工厂的员工就只有二十八人，但我却向员工们宣布：要大家一起共同努力，把工厂打造成原町首屈一指的企业。

虽然设定了成为“原町第一”的目标，但要实现却绝非易事。当时公司西面大路大街的入口处附近就有一家规模较大的锻造工厂，以钢铁为锻造材料生产汽车工具。说到这里，大家可能会对其有一种“铛铛铛”打铁铸型的印象。但实际上他们以生产锻造机为主，机器噌噌冒出火花，从早到晚、没日没夜地运转，工人们也连轴辛勤地工作着。每次我上下班，总会经过那家工厂。

因为我们的公司创业伊始，所以自然也会夜以继日地努力工作。那期间我半夜下班经过那家工厂时，总是发现他们还未歇工。于是我心想：“光是要成为西京原町第一，就已经是十分艰巨的目标了。”当时，那家工厂比我的企业规模要大得多，但仍然如此不眠不休地运作。这真让我自叹弗如。

目前先要成为原町第一，接下来要成为西京第一，然后成为中京区第一，再然后成为京都第一。成为京都第一之后，便要思考如何成为日本第一。如果成了日本第一，那就可以考虑如何成为世界第一了。

在我创业之初，我的资本金只有区区300万日元。连工厂也是承蒙宫木电机公司的西枝（一江）先生的盛情关照才得以租借到的，我把宫木电机公司租给我的仓库改造成了工厂。就是这么一家不起眼的小企业，却一直把成为“世界第一”作为奋斗目标。

从原町第一、西京第一、中京区第一、京都市第一，再到日本第一，最后成为世界第一。这便是真正意义上的愿望。

对于“世界第一”这个目标，我并非只是喊喊口号而已。我每天晚上都在围绕着该目标不断进行思考：“如果要成为世界第一，那么应该如何做好眼前的每一项工作。”即目标不能空洞无物，而应该落实到具体层面。对于这样的问题，要每天坚持不懈地进行思考。

所谓经营即企业领导者的强烈意志

我刚才已经讲了设定目标和描画愿望。我想再次强调的是，愿望必须是“强烈的愿望”，因此不能妥协，譬如“虽然我这么想，但如今的现实环境不景气，因此这样行不通”。这样的借口绝对不能有。如果真的抱有“上刀山下火海在所不辞”的强烈意志，就不会找任何借口。

如果说出“虽然我是这么想的，但现在不景气，所以目标有点搁浅”。这样的话，证明你的愿望并不是真正的愿望，而只是一种并不迫切的心愿而已。我所说的愿望，并非是那种“但愿能够实现”的淡然轻佻的心愿，而是“一心希望能够实现”“无论如何都必须实现”的强烈愿望。

所谓愿望，本该如此。

由此可见，所谓愿望，其实就是自己的意志。即“想这么做”的强烈意志。

所谓经营，说得极端一点，就是一个人的意志，即企业领导者的意志。

没有强烈意志，经营便无从谈起。譬如营业额、利润率的具体目标，都是强烈意志的产物。所谓经营，便是企业领导者的意志。因此，如果企业领导者具有“想这么做”“非实现这样的目标不可”的强烈意志，则企业经营也会事随人愿。

说得极端一点，企业的经营发展，取决于企业领导者的想法。要想让企业按照领导者的想法运作，则需要领导者具有强烈的意念，即“不管发生什么，都要以自身的强烈意志达成目标”。

大家往往认为只有脾气暴躁、态度强硬

的人才能做到这一点，但实际并非如此。比如我，其实是一个胆小鬼。是胆小鬼，正因为胆小怕事，才会拼命努力做到最好。这便是一种辩证的道理，因此做个胆小鬼或许也不是坏事，因为胆小怕事，所以拼命努力。

愿望是否强烈到渗入潜意识中

以这样强烈的意志，一天 24 小时不断地思考“想把自己的企业办成这样的企业”。只要这样坚持不懈，该愿望就会逐渐渗透到潜意识之中。

比如，现在控制我讲话的是显意识，即头脑主动控制的意识。而说到潜意识，大家往往较难理解。

所以我一般会拿开车这个例子来说明何为潜意识。

当我们刚去驾校学车时，总是试图用头脑去掌握汽车驾驶的技术。驾校教练会教导我们“把好方向盘，踩离合器，然后像这样挂档……”而学员则会努力把这一系列的动作记在脑子里，然后试图用头脑进行判断和操作。

可实际结果往往不尽如人意。因为这一系列的动作要求人的双手、双脚等能协调配合，所以学员的操作往往很不协调。明明用头脑命令着自己的身体“喂！现在该用右脚踩刹车，接着踩离合器”，可动作却僵硬别扭，结果被教练训斥。

有趣的是，明明当初学车的时候觉得那么难，可如今大家开车都已经驾轻就熟了。

刚会开车的时候，真是觉得开车是一件累人的事。我清楚记得，自己拿到驾照后，马上就趁周日开车带家里人外出游玩了。当车开进死胡同时，由于还不熟悉怎么倒车，搞得我真是胆战心惊。当我把车开到游乐场时，已经身心俱疲、气喘吁吁。别说在游乐场玩乐了，一想到一会儿回去的路上会碰到晚高峰，心头真是七上八下。这便是我还是驾驶新手时的经历之一。

也就是说，如果运用大脑，去有意识地控制驾驶行为，则会让人头晕疲惫。可如今的我，不管连续开几个小时的长途，都不会觉得累。因为我在用潜意识驾车。所谓“用潜意识驾车”，是指头脑根本不用面面俱到地考虑踩离合器及踩刹车等驾驶动作，而是由身体自然而然地实现这一系列操作。这全都是潜意识在起作用。

说得极端一点，当一边开车一边在想工作方面的事情时，突然回过神来，发觉自己开车时居然在走神，于是吓了一跳，心中惊呼“好险”。这样的事情可能大家都经历过。也就是说，当你脑子完全在想其他事情时，身体照样能开车。

换言之，你的显意识在负责思考其他事情，而潜意识在负责驾驶汽车。这便是人类使用潜意识的实例。

持续强烈的意念
便能驱动潜意识

那么，具体要怎么做才能“有效利用潜意识”呢？持续反复的行为能够渗透到潜意识。在人脑中，通过驱动显意识而使用的知识，只占脑容量的十分之一左右。剩下的大约九成都是潜意识。我们从呱呱落地到入土为安，期间的所有体验和经历都保存在潜意识中，不过，这些保存着的记忆并非凭我们的主观意愿就能够回想起来的。

然而有趣的是，通过心理学等学科中的催眠法，人们能够把潜意识唤醒，结果发现，人的潜意识的确记录着所有的体验和经历，不过这些记忆无法回流到显意识中，一直安好地保存在潜意识中。

无法转移到显意识中的属于潜意识的内容位于“十分之一”与“十分之九”的“边界领域”，潜意识中所积累的内容是不会流到显意识中去的。一个人的体验和所见所闻全都会在潜意识中积累，但不会跑到显意识中去。

但是，只有两种例外情况——“持续反复的行为”和“遭受强烈精神冲击的体验”。只有这两种情况会让潜意识中的内容流到显意识中。

譬如像驾驶汽车这样的行为，由于每天频繁持续重复进行，因此不但潜意识对其全部保存，而显意识也能对其进行“调用”。

同理，如果能以超强的意志力每天坚持念想自己强烈的愿望，譬如“想这样经营自己的企业”，那么该愿望就会渗透到潜意识之中，同时也能被显意识随时“调用”。

时刻思考便能“灵光闪现”

前面讲到，“希望自己的企业成为这样的企业”，像这样的愿望必不可少，但我并非要大家一天 24 小时绞尽脑汁去苦苦思索，我们应该去追求那“灵光闪现”的瞬间。而这正是驱动潜意识的效果所在。

就拿我来说，在经营企业时，我把自己的愿望描画为各种各样的蓝图。比如“想把京瓷办成这样的企业”、“我具有陶瓷专业领域的技术资源，但仅凭它的话，企业发展非常有限。我还想开展这样那样的业务，还想走多方位的经营路线”等等。

于是，我会时常考虑一些具体的问题，比如“我想开展这项业务，但我们公司还未涉及相关专业领域，也没有相应的技术人员。要是有了相应技术人员，并与我们目前既有的技术相结合，就能实现这样的事业”。即以“想这么做”的愿望为基础，思考相关的具体问题。虽然我会每天思考相关问题，但并非一天24小时冥思苦想地钻牛角尖。

比如，有一天我碰巧遇到老同学，而那位老同学把我介绍给他的一位在场的朋友，老同学对他的那位朋友说:“这位是我的朋友，现在是京瓷公司的老总。”于是我们交换名片。结果发现那位朋友是一位技术工程师，而他所涉及的专业正是我一直在关注的领域。经过询问，得知他的工作内容与我平时渗透到潜意识中的愿望完全符合。

其实当时我参加的是一个同学会，大家举杯畅饮、大声谈笑，并不是一个谈工作的严肃场合，但我当时的确获得了强烈的“灵光闪现”。

也就是说，由于我的愿望在潜意识中一直积蓄着，因此在恰当的时机下便会一下子触发。于是我对那位技术工程师说：“我想和你详谈。”然后第二天我便去拜访他，对他说：“不好意思，昨天听说你在从事这方面的工作，能给我详细讲讲吗？”

接着我拿出“三顾茅庐”的诚意，对他提出了我的意愿——“希望你来我们公司工作”，“我们公司的业务是这么个情况，涉及的技术领域是这么个情况，而我想开展这样的新业务。”

也就是说，由于不断思考，我的愿望已经渗透到了潜意识中，当受到那位技术工程师的“触发”时，这种愿望便会从显意识中显现。而该过程最终表现为我对他的请求——“如果你能来和我一起工作，咱们就能实现这样和那样的事业规划。”拿围棋来比喻的话，我等于是在每天提前思考几十手之后的棋局。

所以说，如果一个人不抱有强烈的愿望，即便机遇来临，他也只会“暴殄天物”。在同学会上交换名片，这样的行为稀松平常。在普通人看来，这无非就是一种普通的社交行为；而在抱有“渗透到潜意识中的强烈愿望”的人眼中，这便是一个天大的好机会。一个在“凡人”看来非常普通的互相介绍、一面之缘的照面之交，实际上却是一个了不得的邂逅。

因为我平时一直在反复思考“想这么做”，持续抱有这样强烈的愿望，所以才能抓住刚才讲的那次机遇。换言之，就是要做到“每一天都极度认真”。

“持续抱有的强烈愿望”能够改变企业

正因为如此，我才会一直强调“经营企业的基础条件便是在心中抱有强烈的愿望”。而且必须是持续的、“渗透到潜意识之中”的强烈愿望。像那种一拍脑门而冒出来的愿景，是无法描画为企业发展方针的。

愿望必须是“持续抱有的强烈愿望”。

我相信各位的部下，包括专务、副社长、董事会成员和部长，肯定都在制订“这个月想这么做”、“下个月想这么做”诸如此类的目标计划。但你们有机会可以“突击”地问问他们：“下个月的计划是怎样的？”我保证其中很多人会支支吾吾，答不上来。

也就是说，当他们每个月月初在社长面前发表目标计划时，只是把事先写好的内容照本宣科念了一遍而已，等过了一周或十天之后，你试着再去问问他当时的计划进展如何，搞不好他们压根儿就把这事情给忘了。

如果只是为了应付社长而花费了一小时所思考、制订的计划，那根本别指望他们会切实履行，因为他们根本就没有把计划记在心里。如果计划出于他们发自真心的强烈意愿，那么他们肯定会不断在心中默念，使其牢记于心。这样的话，何止是“记在心里”的程度，简直就是已经融入血液了。如果能做到这一步，那么计划中的相关数据肯定是张口就来。如果你们的部下连计划书中的相关数据都记不住，那么这个计划就是“不靠谱”的，也不可能有效实行。

这个道理对于企业领导同样适用。“本

月计划完成多少营业额”“本月计划实现多少毛利率”，一些企业领导自己都记不住这些计划，每次不翻一下相关资料就想不起来，这样的话，经营企业从何谈起。

因此，“持续抱有的强烈愿望”必不可少。所谓“强烈”，即每天不断思考。只要能做到这点，那么计划必能实现。这是一个千真万确的道理。

大家可能会觉得我的话太夸张了。那我就给大家讲一个有趣的真实故事。有一次，我在京都的盛和塾演讲，也讲到了这一段内容。我事后得知，有位学员一直怀着“钦佩而茫然”的感情聆听我的讲话。因为演讲结束后，晚上我在喝酒时，那位学员走到我的身旁，态度诚恳地对我说：“塾长，真的谢谢您。我真不知道该如何答谢您才好。”

我当时很疑惑，就问他：“你为什么突然这么说呢？”

于是他娓娓道来：“我听您的演讲已经四五年了。这些年，我觉得自己并没有什么大的改变。不过每次听您演讲时，我都会心生羡慕，觉得‘要是我的企业也能这样发展就好了’，结果就在这四五年间，我的企业的发展速度增加了十几倍。在遇见您之前，我已经从事了20年的企业经营，但企业规模却一直很小。可遇见您之后这四五年，和我原先经营的20年的企业相比，如今我的企业规模已经是当时的好几倍了。该怎么说呢，对这一切，我自己都难以置信。可就是在听您演讲的过程中，企业自然就发展成这样了。所以，要是我没有进入盛和塾学习，我的企业就不会有今天。”

也就是说，就算各位心中没有像我刚才所说的“强烈的愿望”，只要聆听我有关“强烈愿望”的演讲，并直率地用心去接受，也会在自己身上产生效果。而那位学员的企业得到发展的亲身经历，便是明证之一。

当时，听了那位学员的诉说，我非常欣慰，我对他说：“你这么说，真的让我很高兴。我作为志愿者在百忙之中赶过来演讲，能给大家带来如此大的收获和喜悦，我也真心感到非常高兴。”

因此，即便只是作为学员在现场认真聆听，也会让自己的企业发生改变。如果自己能够抱有强烈的意志，那更不用说了，你的企业必然能朝着好的方向改变与发展。

明确事业的目的和意义

付出不亚于
任何人的努力

付出不亚于任何人的努力

一步步的积累
成就伟大事业

还有一点简单明了，即“付出不亚于任何人的努力”。

“一步步脚踏实地地完成貌似平凡的工作，坚持努力不动摇”。

换言之，便是在工作中付出不亚于任何人的努力。要想成功，就必须付出不亚于任何人的努力。如果不努力，绝对不可能成功。

而其中的关键在于“一步步脚踏实地完成貌似平凡的工作”。不管多么伟大的事业，都是由貌似平凡的一步步的努力所积累而成的。

打个比方，假设各位经营着这样一家公司，公司规模很小，不管50万日元的订单还是10万日元的订单，都必须一件件地跑去与客户接洽沟通才能拿到。而作为企业领导者的你，一直怀揣着一个目标，就是让公司发展为员工1000人，营业额高达500亿日元的大企业。可目前的现实状况是“每天到处奔走，却只能拿到20万日元的订单”，

付出不亚于任何人的努力

而且这还是社长亲自联系来的业务。

面对这样的现实，人们往往会这么想——“这样下去，公司要何时才能达成500亿日元的营业额目标啊”。然而，不管多么伟大的事业，都是由貌似平凡的一步步的努力所积累而成的。

在这样的现实环境下，如果认为“明明抱有营业额500亿日元的远大志向，却要每天为了总计20万日元的订单到处奔走，这么做太荒唐了”，从而开始思考“有没有什么更好的办法”的话，那就是失败的开始。每天辛苦拿到20万日元的订单，这是一种貌似平凡但不可或缺的努力，是成功所必需的积累过程。如果对其厌恶嫌弃，而开始寻求所谓“更简便的捷径”的话，就等于是开始犯错误了。

可能有的人会这么想——“树立了看起来如此遥不可及的远大目标，可光靠这种‘貌似平凡的努力’会有什么效果呢？”但事实上，这种想法是要不得的。

不管多大的目标，都要遵循“千里之行始于足下”的道理。一步步努力，坚持到让人吃惊的程度，则自然能成就伟大事业。

付出不亚于任何人的努力

一个“好的企业领导”所不可或缺的态度

有一件事让我至今记忆犹新。在我的企业创建伊始时，就像前面所讲的，因为我是个胆小鬼，所以工作起来真的是拼命努力。当时正值电视机热销，而松下电器产业（即如今的Panasonic集团）所生产的电视机也越来越受消费者的欢迎。

我跳槽创业之前所在的公司曾

是松下电器的电视机零部件供应商之一。当时松下与荷兰的飞利浦公司进行技术合作，生产电视机用的黑白显像管。而其中用于电子枪部件的绝缘材料便是我负责参与研制和供货的。

正因为如此，在我所创办的公司成立后，便即刻对松下的采购课长发出了请求，我对他说："现在我自己创业了，希望贵公司能把那个绝缘材料的订单交给我做。"

可是那位课长答道："这事情我做不了主，我介绍你和我们部长当面谈谈吧。你作为一名技术人员，之前一直给我们提供很大

付出不亚于任何人的努力

的帮助，所以你的这件事，我会想方设法帮你促成的。”就这样，他把他们的部长介绍给我认识。

与部长见面交谈后，部长回应道：“既然现在你要自己办公司了，那么我们愿意当你的客户。虽然那个绝缘材料的提供商没法让你独占，但我们会把你也纳入我们的采购对象之一。”就这样，松下这个客户有着落了，于是我拼命努力进行生产，真可谓是夜以继日。

前面说过，公司创立伊始，我只有300万日元的资本金。为了让公司运作，之后我向京都银行借了1000万日元的贷款。生于新潟的西枝先生拿他自己住的房子作担保，京都银行才把这笔钱借贷给了我。

西枝先生是位非常了不起的人士，当他把这笔钱贷借给我时，他这样对我说："一家公司要想走向成功，其概率只有万分之一而已。创办公司并不难，但成立不久后便倒闭的公司可谓比比皆是。真正能够成功的公司只有万分之一左右。我认为你是一名优秀的技术人员，但不是一名优秀的企业领导，所以你的公司搞不好会倒闭。如果真是这样的话，那我住的房子就要被银行收走了哦。"

付出不亚于任何人的努力

由于我天性胆小，所以当时实在是害怕得不得了。西枝先生人这么好，要是因为我的失败而害得他房子被没收抵债，那可怎么得了？于是我真的是夜以继日地拼命努力。为了不给西枝先生添麻烦，我想尽快把钱还清，可如果每年还 100 万日元，也要 10 年才能还清。

这第一笔 1000 万日元的贷款用在了设备投资上，但由于设备陈旧，一年后就要面临淘汰。如果要追加设备投资，就又需要 2000 万日元左右的资金。当时我迫切想还清之前借的 1000 万日元，可光是完成这个任务就需要 10 年时间，可如今又不得不再借 2000 万日元用于设备投资。这让我不知所措。

我把自己的想法告诉了西枝先生，结果他对我说："你的这种'借了钱就必须快点还'的想法本身就是错误的。你的公司目前有收益，所以负债不是问题。你要做的，就是借更多的钱。"

听了他的这番话后，我说："光是借 1000 万日元就已经让我觉得不得了了，可现在居然还要再借更多的钱，这真让我无法想象。我一定会还清的。"

付出不亚于任何人的努力

于是他说道："你老是说还钱还钱，可你要知道，只要公司有收益性，就应该不断借钱，从而扩大业务规模。这才是企业家该做的。"

虽然西枝先生这么说，但我还是一根筋转不过来，我不断强调："一定要把借的钱还清。"

结果搞得西枝先生都对我不耐烦了，他对我说："你果然没法成为一名优秀的企业领导啊。"

当时，像索尼和本田技研这样的公司已经规模巨大，而我在听了西枝先生上述的那番话后，才第一次开始认真思考一个问题——像索尼和本田技研这样的企业是如何发展壮大的？

起初我不得其解，于是认为“就算拼命赚钱，要还清这么大笔的债务也是杯水车薪。连债都还不清，更不要说积累可用资金了，何况就算一年能积攒 100 万日元，10 年也就积攒 1000 万日元而已，要想和索尼、本田技研那样拥有数亿日元的企业内部资金简直是天方夜谭。根本没法做到。”

我在创业初期的想法就是这样的。“一

付出不亚于任何人的努力

年大概也就只能积攒100万日元，要想成为资产达几百亿日元的企业简直太遥远。”可如今看看京瓷的企业资本，包括资本金在内，共计两三千亿日元。这还不算其他的各项资产。

如果一年赚100万日元，10年就是1000万日元，如果要攒够1亿日元则需要100年。所以我当时认为“扣去税金和分红，要想让企业的内部资金达到1亿日元，即便我奋斗一辈子都实现不了，所以我的公司是不可能成为大企业的”。

然而，随着时间的推移，我渐渐开始明

白一个道理——“这看似杯水车薪的一步步的平凡工作，其实是成就大事业的必经之路”。

这就和攀登高山同理，人在登山时，只能依靠自己双脚所迈出的步长，可就是这一步步的积累，让人成就了征服高峰的伟业。

明白了这个道理的结果，便是如今京瓷集团高达几千亿日元的内部资金。大家都觉得这是了不起的壮举，但其实只要一步一个脚印、踏踏实实的努力，之后企业的力量就会以几何级数增长。

大家要记住，不要放弃。只要坚持到底，之后就会获得几何级数增长的力量。

极度认真地
过好每一天

消极气馁是“尚且留有余地”的证明

（以下内容采用问题应答的形式）

塾生：我想问塾长两个问题，一个问题是“您曾有过气馁或懈怠的经历吗？”；另一个问题是“在遭遇困境时，您有过想依靠祈求神灵保佑来渡过难关的经历吗？”

稻盛和夫：作为一名企业领导，如果为了企业呕心沥血、苦心经营，那势必会提出类似刚才那位学员所问的问题。所以我觉得这问题很应景，也是许多人心中的疑问。

我先回答第一个问题——“有没有消极气馁的经历”。我觉得我几乎没有过。

不过这并不是说我这个人生性刚强，从创办公司到如今的三十几年里，我一直埋头奋斗、拼命努力，完全没有时间去消极和气馁。说得极端一点，由于我在“极度认真”地过好每一天，所以根本没有心情去消极和气馁。

因此我认为，如果一个人消极或气馁，证明他对自己“尚且留有余地”，或者说

“还有一点闲工夫去气馁”。

我之所以把经营企业比喻为“生存”，是因为商场如同残酷的战场，要想生存，就必须拼命。

就拿我来说，在京瓷刚刚创立时，我对企业经营完全是一窍不通。也就只能大致看懂财务报表。看着财务报表上的“营业额”“经费项目”“税前利润”等条目，好歹还能明白是什么意思。可对于借贷资金平衡表之类，就完全搞不懂了。

看到财务报表的资产部分写有现金存款，于是大概明白“企业还有钱在”。报表下方的固定资产条目里写着土地、厂房和设备等。而右侧的负债栏上总是写着一串数字。资本部分则写着资本金。如果公司运营顺利，则内部资金（未分配利润）一栏会有一定的富余。

而至于资本金，因为有增资，所以该栏目的数字会增加。比方说，当我看到上面写着的资本金数额为1亿日元的话，我好歹能明白是什么意思。

再看到左边写着现金存款，我便这么想——“公司还有现钱和资本金在”。于是我问财务课长：“这笔存款的确有的吧。”他回答道："有的。存在〇〇银行。"接着我又问："那么这1亿日元资本金放在了哪里呢？"我机械地把这两笔款项看作完全分割的两个概念。因为我既不是商科出身，也不是学经济的。所以对于所谓"贷方"和"借方"完全没有概念。我在创业之初就是这么一个"新手"，即便当时把不明白的问题都问了一遍，但很多事情还是很难搞懂。

"既然经营企业，在创造营业额的同时，势必会产生各种费用成本。而营业额减去费用成本，便是税前利润。"这总没错吧。

"既然如此，那么不用考虑多余的事情，

只要努力让营业额最大限度地提高，让费用成本最大限度地降低，这不就是经营企业的诀窍吗？”

我就是通过这种“化繁为简”的思维方式来理解复杂事物的。

抱着这种理念，我奋斗到了今天。而我总是对我公司里的干部们这么说。

正因为害怕
才会勇敢面对

就像我刚才讲的，在创业初期，我每天都在经历企业“生死存亡”的考验。用格斗剑法来形容的话，我可以说是拿着一把匕首每天在战场上惨烈厮杀。

所以，我当时所面临的状况，绝非那种“去道场拿着竹刀、按照××流派剑术指南学习剑法”的所谓“锻炼过程”，而是每天身处战场中央，进行真刀真枪的对决。我刚才说过，在这种环境下，根本没有闲工夫去“消极气馁”；也可以这么说——一旦你消极气馁，你会即刻被打倒。

当时，我这个之前一直只会研发工业陶瓷的“工科男”，居然要开始经营企业了。我真的就像一个完全不懂剑道和刀法的门外汉，光靠手上攥着的一把出鞘的匕首，就不得不在战场上进行厮杀。而我只要稍有破绽，就立即会被砍死。

在“科班出身”的所谓“习武之人”还

在脑中算计“出招时，是把剑对准对方的咽喉还是眼睛”时，我已经屈身猫腰，用匕首朝对方横着砍了过去。瞄准对方的小腿或腹部，锋利地一斩。这一系列动作都是在与对手碰面瞬间完成的。我记不得是从哪儿学到了这样的技巧，只是下意识地这么做了。

在如此“真刀真枪”的“商战”之中，像道场里学的那种“科班出身”的技巧是不管用的，因为在实战中，你是没有时间去思考“现在要用剑瞄准对方的眼睛”、“现在要平举着剑，脚贴着地向前移动”等剑法套路的。从这个意义层面上看，我正是因为在这种“真刀真枪”的残酷环境下感到害怕，才得以生存下来。这份恐惧，让我不敢去“消极气馁”。

虽然感到害怕，但我还是开始了艰苦的创业活动。不断借钱，为了扩大企业的规模，一家家地开设分部；不断添加设备……随着这些具体计划的推行，我真是担心得不得了，以至于夜不能寐。既然都夜不能寐了，那只能勇敢地直面现实了。背负着债务，却还要积极、乐观、努力地经营企业，这一切都让我感到害怕。也正因为我是如此胆小之人，所以每天都“真刀真枪”地奋力

“搏杀”。

因此我认为，如果一个人“消极气馁”，那证明他对自己还“留有余地”，还有闲工夫去感受“消极气馁”。而我则完全没有这种闲工夫，这便是我的心得体会。

如果在座的各位中，有的人并没有像我说的那样“极度认真”地度过每一天。那么我建议你一定要试着对自己“狠一点”，把自己“逼到绝路”。

譬如有些人可能是“企业的第二代接班人”，你们的父母辈创立了公司，并且规模不小。和我这种靠自己“赤手空拳”从零开始创业的人相比，你们的先天条件可谓非常优越。

但你们不可以被自身所处的优越环境“宠坏”，也不能安于现状，认为“我在这方面很有福气”，而应该试着把自己逼得“走投无路”。要抱有这样的想法——“我也要试试看，把自己逼到像塾长所说的那种境况”。

我并不是叫大家去胡乱地借款举债，我只是认为，作为一名企业家，是需要以“把自己逼到绝路”的态度去发展企业的。

接下来回答第二个问题——“曾经有过

懈怠的经历吗？”虽然我从未懈怠过，但由于每天都面临着“真刀真枪”的“商战”，所以有好几次都想“撒手不干”了。

比方说，在早上醒来时，觉得自己“真不想去公司了”。这种感觉，恐怕大家也有过吧。有时脑中会浮现这样的念头——“算了，管他呢。我不想干了。”

由于肩上的责任实在太沉重，并且日复一日地持续不断，所以我时常会产生“再也不想去公司了”的念头。

可是，就像前面说的，由于每天都处于“真刀真枪”的“商战”之中，我根本没法抛下这一切，于是只能无奈地照常去公司。到了公司后，又和每天一样，一大堆事关工作的电话接踵而至，自己不得不一一处理。这三十几年，我就是在这样的“纠结”中过来的。

你要说这就是气馁的表现，或许也有道理。早上起床后，不想去公司。不光是不想去公司，连社长也不想当了，什么都不想管了。这种“想抛下一切”的念头，当时隔三差五地在我脑中浮现。

如何直面“懈怠之心”

在我创业伊始时，西枝先生是帮助我创办公司的恩人。可以说，如果没有他，就没有我的今天。西枝先生出生于新潟，是一位非常了不起的人士。他曾担任京都的宫木电机公司的专务一职。如今我的人生观中的相当一部分，可以说都是承蒙他的教诲才得以形成的。

虽说西枝先生比我的父亲都要大四五岁，按理我俩之间应该会有“父子辈儿的代沟”，但在当时，每次感到心力交瘁而想“撒手不干”时，我就会找西枝先生倾吐一番。要是在工作中碰到了让我恼火和心烦意乱的事情，我便会打电话给西枝先生，对他说：“西枝先生，我真的受够了。”

然后西枝先生就会说：“知道了，知道了。那么咱们今天去祇园的花见小路吧。”

花见小路上有家家常菜的小饭店，是一对新潟出生的艺妓姐妹在京都开的。西枝先生经常带我去那里喝酒。

这样的情况经常发生。每次我都先是打电话对西枝先生发牢骚，对他说："我受够了，不想干了。"然后西枝先生便带我去那家小饭店喝酒。这么一来，发不发牢骚似乎不重要了，只要能和西枝先生见面交谈，我便能重新鼓起干劲。

不仅如此，西枝先生还是个好酒之人，他经常教我饮酒时的举止礼节。

说句题外话，在九州的鹿儿岛，后辈要勤快地给前辈斟酒，这是当地普遍的规矩。西枝先生曾经就读于新潟的旧制高等学校（旧制高等学校是指日本在1950年前，依照

"高等学校令"，设于日本本土等地的高等学校，如今其中的大多数已发展为大学。——译者注），之后进入了京都大学的电气系学习，毕业后在京都工作。他教给了我一句给人斟酒时的礼貌用语——"劳驾借您酒杯一用"。

当时他对我说："稻盛啊，当你给长辈或上司斟酒时，你要向对方要酒杯的，对吧。这时候你应该说'劳驾借您酒杯一用'。像你这样只是说'给您斟酒、给您斟酒'而就去拿对方酒杯的做法，是不合规矩的。"

我听了他的这番教诲后恍然大悟，原来

斟酒还有这样的讲究，于是改口道："那么，劳驾借您酒杯一用。"

西枝先生是一位了不起的人物。一起喝酒时，我总是坐在他的身旁，西枝先生一旦喝下一杯，我便立刻给他斟满。结果西枝先生却说："我说你啊，所谓斟酒，不是说别人喝完一杯后，你立刻给倒满就算完成任务了。我喝酒的乐趣在于品酒，可我一喝完你就倒满，这样太没兴致了，让我感觉很急促……"

听西枝先生这么一说，为了让他能够品酒，我就先不斟酒了。结果他又说："我说

你啊，偶尔也给我斟一下酒嘛。”（笑）

于是我又醒悟过来，立马给他斟酒，结果他又说：“你这样搞得太急了，别倒了。”于是我又让他自己慢慢品酒，然后他又说：“偶尔也给我斟一下酒嘛。”

问题的关键在于“时机”与“适度”。适度是关键，不管是企业经营还是其他事情，这个道理都是相通的。

西枝先生让我明白了一个道理——不管做什么事情，都必须有张有弛，而不能操之过急。

在喝酒时，西枝先生对我说：“你今天

也很累了。喝酒能够缓解工作带来的压力和烦忧。来，喝吧！喝吧！”

既然西枝先生这么说，我当然不能推辞，尽管酒一杯杯地下肚，但我毫无醉意。因为我觉得能和这样了不起的前辈一起举杯共饮，对我来说是一个学习的机会，因此我虽然在喝酒，但却在拼命抑制酒精的麻醉作用，以保持自己头脑的清醒。

结果西枝先生对我说：“你要知道，醉意是喝酒的乐趣和目的。像你这样故意抑制酒精作用的喝酒方式是不对的，而且还有碍健康。”

听他这么一说，我想：哦，那只要喝醉

就行了吧。于是我大口畅饮，喝得酩酊大醉。结果他又说："人应该品酒，而不是沉醉。"（笑）

这真让人左右为难啊。不喝醉的时候，说是应该"喝醉"；而喝醉之后，却又说"人不应该沉醉于酒中"。不过，就是在这样的反复教导之中，西枝先生让我懂得了饮酒时的举止礼节。

所以说，在那个时候，每当我对工作感到厌烦或心生懈怠时，便会去找西枝先生发牢骚，而西枝先生每次都会请我吃饭喝酒。

如今，我之所以时常举办茶话会之类的

小型宴会，也是为了创造一个能让大家与我举杯共饮的交流环境。

尊敬我的人和我一起喝酒，结果发现——“啊，我如此尊敬的稻盛先生原来也是和我一样的凡人，并没有三头六臂嘛。既然如此，只要我从现在开始努力奋斗，也能成为像他那样的人物”；又或者在与我共饮的时候向我提出了一些问题，而在听了我的解答后茅塞顿开，从而得到启示……这些都是我非常希望看到的结果。

身为一个企业的社长，是不能发牢骚的。不管对谁发牢骚都不可以，就连对自己的妻子也不行。

更不用说对副社长或专务等在企业内与自己共事的人了。如果一个社长对自己手下的专务或副社长等人发牢骚抱怨，那这样的社长是无法获得部下的信赖和尊敬的。

所以说，不管一个社长多么艰难落魄，都只能“把所有问题自己扛”。正因为有这份担当，所有员工才会永远跟着你；如果一个社长经常对部下满口抱怨、牢骚不断，那么最后员工们都会离他而去。

因此，要当个好社长，压力是不可避免的。既然有压力，那么总得找个地方倾吐释放。而我举办茶话会的主要目的之一，便是为了给员工们提供一个“至少能发发牢骚”的机会和场所，就算我没能为大家起到“传道授业解惑”的作用，但大家一边喝着酒，一边向我发发牢骚，然后能重新鼓足干劲，再次迎接明天的挑战，仅仅这样我就心满意足了。

所以，如果从这样的意义层面上来讲，也可以说我确实曾经常常产生“懈怠之心”。不过，由于工作计划表都是我自己安排制订的，所以我等于是故意把自己逼到了“没法懈怠”的境地。

尽人事，待天命

那么进入第三个问题，“有过想依靠祈求神灵保佑来渡过难关的经历吗？”这个嘛，我以前经常这么做，现在可以说更频繁了。

每天早上，我都会在心中呼唤神灵，不过并不是向神祈祷，而是向神表示感谢。我也并不是在佛龛或神龛前叩拜，而是闭上眼睛，对这个宇宙的造物主神灵表示感谢，感谢神灵让我今天也能精神百倍地投入工作。这已经成了我日常工作生活中的习惯。

当然，除了表达感谢之意外，我也对神灵祈祷过，比如“希望神灵保佑这项工作进展顺利”。

不过，当像这样对神灵祈祷时，我的心里是这么想的——“我如此认真、如此专注，恐怕没有人比我更努力了，所以神灵怎么忍心不出手相助呢”。这种想法，的确非常“厚脸皮”。

“我都这么拼死努力了，神灵不会坐视

不管的吧。”

与祈祷相比，这样的想法在我心中占更大比重。

所以说，我当然在心中有过像“神啊，请帮帮我吧”这样的呼唤，但就像我刚才所说的，“我是如此勤奋认真地活着，就算是神灵，也不会忍心不出手相助吧”。这样的想法在我心中是主流。

我从来没有在陷入困境之后才想到向神灵祈祷。等到事情不顺利了，才想到祈求神灵帮助，我并不赞同这样的行为。

刚才在解答有关“消极气馁”的问题

时，我已经说过，我是在“真刀真枪”的“商战”中一路厮杀过来的。事实上，正因为我胆小怕事，所以才能在竞争如此激烈的严酷战场上活下来，我认为自己绝对不是那种生性强悍的角色。

正因为胆小怕事，所以才会拼死努力地活着。我之所以不会等到“大事不好”了才去向神灵祈祷，就是因为我胆小的性格所致。我害怕事情出岔子，所以在做事时总是力求“防患于未然”。

比如，碰到像如今这样经济不景气的大环境，或者融资陷入窘境时，想必不少企业家都不得不想办法筹款。

于是有的人会“四处奔走筹钱”“不知道支票能否兑现”“到处去找朋友集资周转”等等。可我胆小怕事，不想干这么让人提心吊胆的事情，因此我总是思考能够防止这种情况发生的方法。

因为支票可能无法兑现，所以依靠筹款使企业渡过了难关。有的人似乎把这样的状况看成是一家企业良性发展的状态。可作为一家企业，资金方面的稳定其实是最最基本的条件。

如果资金方面出问题，则企业就会倒

闭，通过成功的筹款融资，使得企业恢复了正常状态。这从经营的角度来看，只能说是“功过相抵，原地踏步”，而绝非能够加分的情况。我觉得，既然让企业“原地踏步”都如此辛苦艰难，不如在问题发生之前，花费同样的精力让企业向前发展。

正是基于这样的思维方式，所以我从来没有等到失败后再去祈求神灵的帮助。我总是在遭遇失败之前，就抱着“哀兵必胜”的心态拼死努力。

我一直在向我公司的干部们传授这个道理。在“京瓷哲学”中，我把这样的思维方式称为“在相扑台的中央与对方交锋”。

我们在观看相扑比赛时，经常会看到这样的情况——“裁判宣布比赛开始后，一方的相扑力士不在相扑台中央出招，而是一步步地往后退，直到脚将要碰到相扑台的边线时，相扑力士似乎才惊觉情况不妙，于是使出浑身的力气，想把逼过来的对手扔出场地。结果因为对手的身体没有完全出线或自己先行出线而导致反击失败”。既然在被对手逼到如此绝境的情况下还有这么大力气展开反击，那为何不一开始在相扑台中央的时候就出招呢？

也就是说，在陷入要担心“不知道支票能否兑现”的窘境之前，即在双脚离相扑台边线还有很大距离的时候，就应使出浑身解数发动攻击。换言之，就是“事先设置风险缓冲带”的企业经营方式。

“不要等到火烧眉毛了再慌忙应对，而应该预测风险，采取‘从容不迫’的企业经营方式”。正因为一直抱有这样的想法，所以我从来没有在陷入困境之后才想到向神灵祈祷。

如果有发生问题的先兆，那就在问题发生之前采取措施，拼命努力去做到“防患于未然”，这正是我一贯的人生态度。而与“临时抱佛脚”不同，我坚持每天向神灵倾诉心声。

俗话说“尽人事，待天命”，人在做事时要拼命努力，至于最终结果，则祈求神灵保佑。我是这么理解的。

我相信，这个真理，适用于每个企业的经营者。

无论外部条件如何变化，幸福其实一直就在每个人身边。如果能够抱有感恩之心，认为“我现在是幸福的”，并且每天坚持不断努力提升自我，便能够抓住新的幸福。

《德与正义》

图书在版编目（CIP）数据

稻盛开讲.3,作为人,何谓正确？ /（日）稻盛和夫著;周征文译.—北京:东方出版社,2014.12
ISBN 978-7-5060-7933-4

Ⅰ.①稻… Ⅱ.①稻…②周… Ⅲ.①稻盛和夫—企业管理—经验 Ⅳ.① F279.313.3

中国版本图书馆 CIP 数据核字 (2014) 第 309812 号

稻盛开讲 3：作为人，何谓正确?
（DAOSHENG KAIJIANG 3：ZUOWEIREN HEWEI ZHENGQUE）

作　　者：［日］稻盛和夫
译　　者：周征文
责任编辑：贺　方
出　　版：东方出版社
发　　行：人民东方出版传媒有限公司
地　　址：北京市东城区朝阳门内大街 166 号
邮政编码：100706
印　　刷：北京次渠印刷包装有限公司
版　　次：2015 年 4 月第 1 版
印　　次：2017 年 1 月第 3 次印刷
印　　数：13 001–16 000
开　　本：787 毫米 ×1092 毫米 1/32
印　　张：3. 5
字　　数：26 千字
书　　号：978-7-5060-7933-4
定　　价：36.00 元
发行电话：（010）85924663　85924644　85924641